高职高专"十二五"规划教材

公共基础课系列

高等应用数学下册

学习辅导

（第三版）

朱弘毅 主编

赵斯泓 陈向红 陈宝冲
俞国胜 车荣强 凌贻清 副主编

立信会计出版社
LIXIN ACCOUNTING PUBLISHING HOUSE

图书在版编目(CIP)数据

高等应用数学学习辅导. 下册 / 朱弘毅主编. —3版. —上海：立信会计出版社，2012.2(2023.1 重印)
高职高专“十二五”规划教材. 公共基础课系列
ISBN 978-7-5429-3236-5

Ⅰ. ①高… Ⅱ. ①朱… Ⅲ. ①应用数学—高等职业教育—教学参考资料 Ⅳ. ①O29

中国版本图书馆 CIP 数据核字(2012)第 014865 号

责任编辑　郭　光
封面设计　周崇文

高等应用数学学习辅导下册(第三版)

GAODENG YINGYONG SHUXUE XUEXI FUDAO XIACE

出版发行	立信会计出版社		
地　　址	上海市中山西路 2230 号	邮政编码	200235
电　　话	(021)64411389	传　　真	(021)64411325
网　　址	www.lixinaph.com	电子邮箱	lixinaph2019@126.com
网上书店	http://lixin.jd.com		http://lxkjcbs.tmall.com
经　　销	各地新华书店		

印　　刷	江苏凤凰数码印务有限公司	
开　　本	710 毫米×960 毫米	1/16
印　　张	13	
字　　数	226 千字	
版　　次	2012 年 2 月第 3 版	
印　　次	2023 年 1 月第 4 次	
书　　号	ISBN 978-7-5429-3236-5/O	
定　　价	28.00 元	

前　言

《高等应用数学学习辅导》是《高等应用数学》(上海高校《高等应用数学》编写组编,立信会计出版社出版)配套的学习辅导书,分上、下两册。

高等数学是高职高专的一门基础课,对于刚跨进高等学府的大学生来说,该课程不同于中学数学,某些概念难以透彻理解、运算技巧不易掌握、理论性比中学强。针对这门课程的难度和特点,编者希望借助于学习辅导书做好难度的转化工作,这样,一方面有利于学生掌握知识,提高分析问题、解决问题的能力;另一方面高等学校的教师讲授的格调不同于中学教师,而且授课的进度较中学快,学习方法上学生正处于从中学类型向大学类型转变,在这种情况下,他们迫切需要一个辅导老师,帮助他们解决学习中的疑难问题,这也是我们编写这本书的目的。

《高等应用数学学习辅导》各章与相应的教材同步,每章由内容提要、例题分析、习题选解和测试题及其解答四节组成。例题分析和习题选解中的题目都是较典型的题目,测试题既考虑到知识的覆盖面,又注意到突出重点,有利于对该章学习的总结检查。上册提供高等数学模拟试题两套,下册提供线性代数、概率统计模拟试题各两套。为有利于学生自我检查,这些试题都给出详细的解题过程。

由朱弘毅任主编,由赵斯泓、常月华、秦莉和张满生任上册副主编;由陈向红、陈宝冲和车荣强任下册副主编。参加编写的有(按姓氏笔画为序)车荣强、朱弘毅、陈向红、陈宝冲、赵斯泓、秦莉、张满生和常月华。

限于编者的水平,书中不妥之处在所难免,恳请读者批评指正。

朱弘毅于香歌丽园

2012 年春

目　　录

第十章 矩阵与行列式

第一节 内 容 提 要

1. 矩阵的概念

由 $m \times n$ 个实数 $a_{ij}(i = 1, 2, \cdots, m; j = 1, 2, \cdots, n)$ 排列成一个 m 行 n 列的矩形数表

$$\begin{pmatrix} a_{11} & a_{12} & \cdots & a_{1n} \\ a_{21} & a_{22} & \cdots & a_{2n} \\ \cdots & \cdots & \cdots & \cdots \\ a_{m1} & a_{m2} & \cdots & a_{mn} \end{pmatrix}$$

称为 m 行 n 列矩阵，简称 $m \times n$ 矩阵，其中 a_{ij} 的下标表示该数在第 i 行第 j 列交叉位置上的元素。一般用大写字母 $A, B, C, \cdots$ 表示矩阵。A 是 m 行 n 列矩阵，可用 $A_{m\times n}$ 表示，或用 $A = (a_{ij})_{m\times n}$ 表示。

$n \times n$ 矩阵 A 称为 n 阶方阵，可记为 A_n。

如果同型矩阵 $A = (a_{ij})_{m\times n}$ 和 $B = (b_{ij})_{m\times n}$ 在对应位置上的元素都相等，即

$$a_{ij} = b_{ij}(i = 1, \cdots, m; j = 1, \cdots, n)$$

则称矩阵 A 和矩阵 B 相等，记作 $A = B$。

所有元素都为零的矩阵称之为零矩阵，m 行 n 列的零矩阵记作 $O_{m\times n}$，简记为 O_0。

主对角线上的元素均为 1，其余元素都为零的 n 阶方阵，称作单位矩阵，记作 E 或 E_n。

2. 矩阵的加法

设矩阵 A, B 是 $m \times n$ 矩阵，即

$$A=\begin{pmatrix} a_{11} & a_{12} & \cdots & a_{1n} \\ a_{21} & a_{22} & \cdots & a_{2n} \\ \cdots & \cdots & \cdots & \cdots \\ a_{m1} & a_{m2} & \cdots & a_{mn} \end{pmatrix},\ B=\begin{pmatrix} b_{11} & b_{12} & \cdots & b_{1n} \\ b_{21} & b_{22} & \cdots & b_{2n} \\ \cdots & \cdots & \cdots & \cdots \\ b_{m1} & b_{m2} & \cdots & b_{mn} \end{pmatrix}$$

将它们对应位置元素相加,所得的 $m\times n$ 矩阵称为矩阵 A 与 B 的和,记作 $A+B$, 即

$$A+B=\begin{pmatrix} a_{11}+b_{11} & a_{12}+b_{12} & \cdots & a_{1n}+b_{1n} \\ a_{21}+b_{21} & a_{22}+b_{22} & \cdots & a_{2n}+b_{2n} \\ \cdots & \cdots & \cdots & \cdots \\ a_{m1}+b_{m1} & a_{m2}+b_{m2} & \cdots & a_{mn}+b_{mn} \end{pmatrix}$$

矩阵的加法具有下列运算性质(其中 A, B, C, O 为 $m\times n$ 矩阵):

(1) 交换律: $A+B=B+A$。

(2) 结合律: $(A+B)+C=A+(B+C)$。

(3) $A+O=A$。

3. 数乘矩阵与矩阵的减法

设 k 为实数,矩阵 $A=(a_{ij})_{m\times n}$,则称 $(ka_{ij})_{m\times n}$ 为数 k 与矩阵 A 的乘积,记作 kA 或 Ak,即

$$kA=Ak=\begin{pmatrix} ka_{11} & ka_{12} & \cdots & ka_{1n} \\ ka_{21} & ka_{22} & \cdots & ka_{2n} \\ \cdots & \cdots & \cdots & \cdots \\ ka_{m1} & ka_{m2} & \cdots & ka_{mn} \end{pmatrix}。$$

设 $A=(a_{ij})_{m\times n}$, 则称矩阵 $(-a_{ij})_{m\times n}$ 为矩阵 A 的负矩阵,记作 $-A$, $-A=(-1)A$。

设 $A=(a_{ij})_{m\times n}$, $B=(b_{ij})_{m\times n}$ 是两个 $m\times n$ 矩阵,称 $A+(-B)$ 为两矩阵的减法,记作 $A-B$, 即

$$A-B=\begin{pmatrix} a_{11}-b_{11} & a_{12}-b_{12} & \cdots & a_{1n}-b_{1n} \\ a_{21}-b_{21} & a_{22}-b_{22} & \cdots & a_{2n}-b_{2n} \\ \cdots & \cdots & \cdots & \cdots \\ a_{m1}-b_{m1} & a_{m2}-b_{m2} & \cdots & a_{mn}-b_{mn} \end{pmatrix}$$

由定义可知,数与矩阵的乘法运算具有如下运算性质:(设 A, B, O 是 $m\times n$ 矩

阵；k, l 是实数)：

(1) $k(A+B)=kA+kB$。

(2) $(k+l)A=kA+lA$。

(3) $(kl)A=k(lA)$。

(4) $1A=A$, $A-A=0$。

4. 矩阵的乘法

设 $A=(a_{ik})$ 是一个 $m\times s$ 矩阵，$B=(b_{kj})$ 是一个 $s\times n$ 矩阵，则由元素

$$c_{ij}=a_{i1}b_{1j}+a_{i2}b_{2j}+\cdots+a_{is}b_{sj}=\sum_{k=1}^{s}a_{ik}b_{kj}$$
$$(i=1,\ 2,\ \cdots,\ m;\ j=1,\ 2,\ \cdots,\ n)$$

所构成的 m 行 n 列矩阵 $D=(c_{ij})_{m\times n}$ 称为 A 与 B 的乘积，记作 AB，即 $C=AB$。

注意：A 与 B 相乘，只有当矩阵 A 的列数与矩阵 B 的行数相等时，才能定义乘积 AB。矩阵乘法不满足交换律。

矩阵乘法具有如下性质：

(1) $A(B+C)=AB+AC$；$(B+C)A=BA+CA$。

(2) $(AB)C=A(BC)$。

(3) $A_{m\times n}E_n=E_mA_{m\times n}=A_{m\times n}$。

(4) $k(AB)=(kA)B=A(kB)$，其中 k 是一个实数。

设 A 是 n 阶矩阵，k 是自然数，k 个矩阵 A 相乘称为方阵 A 的 k 次幂，记作 A^k。

方阵的幂具有如下性质：

$$A^k A^l=A^{k+l}\quad (A^k)^l=A^{kl}$$

5. 矩阵的转置

将 A 的行和列对应互换所得的 $n\times m$ 矩阵称为 A 的**转置矩阵**，记作 A^T，即

$$A=\begin{pmatrix} a_{11} & a_{12} & \cdots & a_{1n} \\ a_{21} & a_{22} & \cdots & a_{2n} \\ \cdots & \cdots & \cdots & \cdots \\ a_{m1} & a_{m2} & \cdots & a_{mn} \end{pmatrix}$$

则

$$A^T=\begin{pmatrix} a_{11} & a_{12} & \cdots & a_{1n} \\ a_{21} & a_{22} & \cdots & a_{2n} \\ \cdots & \cdots & \cdots & \cdots \\ a_{m1} & a_{m2} & \cdots & a_{mn} \end{pmatrix}$$

矩阵的转置具有如下运算性质：

(1) $(A^T)^T = A$。

(2) $(A+B)^T = A^T + B^T$。

(3) $(kA)^T = k(A^T)$。(k 是实数)

(4) $(AB)^T = B^T A^T$。

6. 矩阵的初等行(列)变换

矩阵的初等行(列)变换是指下列三种变换

(1) 互换矩阵中两行(列)的位置(互换矩阵中第 i 行和第 j 行,记为 $r_i \leftrightarrow r_j$;互换矩阵中第 i 列和第 j 列,记为 $c_i \leftrightarrow c_j$)。

(2) 用一个非零数 k 乘矩阵的某一行(列)(用一个非零数 k 乘矩阵的第 i 行,记作 kr_i;用一个非零数 k 乘矩阵的第 i 列,记为 kc_i)。

(3) 把矩阵的某一行(列)的元素都乘以数 k 加到另一行(列)对应元素(第 i 行的元素都乘以数 k 加到第 j 行对应元素,记为 $kr_i + r_j$;第 i 列的元素都乘以数 k 加到第 j 列对应元素,记为 $kc_i + c_j$)。

矩阵的初等行变换与矩阵的初等列变换统称为**矩阵的初等变换**,矩阵 A 经过初等变换化为矩阵 B,用符号 $A \rightarrow B$ 表示。

如果矩阵的零行(元素全为零的行称为零行,反之称为非零行)全部位于非零行的下方,且各个非零行左起的第一个非零元素(称为首非零元)的列标严格增大,则称此矩阵为行阶梯形矩阵。如果行阶梯形的首非零元均为“1”,且首非零元所在列中除其首非零元外其余元素均为 0,则称此行阶梯形矩阵为行最简阶梯形矩阵。

矩阵 A 经过若干次初等行变换化为行阶梯形矩阵 B,行阶梯形矩阵 B 中非零行的行数称为矩阵 A 的秩,记作 $R(A)$。规定零矩阵的秩为 0。

任意非行阶梯形矩阵通过若干初等行变换都能化为行阶梯形矩阵,行最简阶梯形矩阵。

7. 行列式的定义

$$\begin{vmatrix} a_{11} & a_{12} \\ a_{21} & a_{22} \end{vmatrix} = a_{11}a_{22} - a_{12}a_{21}$$

$$\begin{vmatrix} a_{11} & a_{12} & a_{13} \\ a_{21} & a_{22} & a_{23} \\ a_{31} & a_{32} & a_{33} \end{vmatrix} = a_{11}\begin{vmatrix} a_{22} & a_{23} \\ a_{32} & a_{33} \end{vmatrix} - a_{12}\begin{vmatrix} a_{21} & a_{23} \\ a_{31} & a_{33} \end{vmatrix} + a_{13}\begin{vmatrix} a_{21} & a_{22} \\ a_{31} & a_{32} \end{vmatrix} =$$

$$a_{11}a_{22}a_{33} + a_{12}a_{23}a_{31} + a_{13}a_{21}a_{32} - a_{11}a_{23}a_{32} -$$

$$a_{12}a_{21}a_{33} - a_{13}a_{22}a_{31}$$

三阶行列式所表示的 6 项代数和,可用下面画线的方法记忆。图 10-1 中实线联结的 3 个元素的乘积是代数和中的正项;虚线联结的 3 个元素的乘积是代数和中的负项。此法称为对角线法。

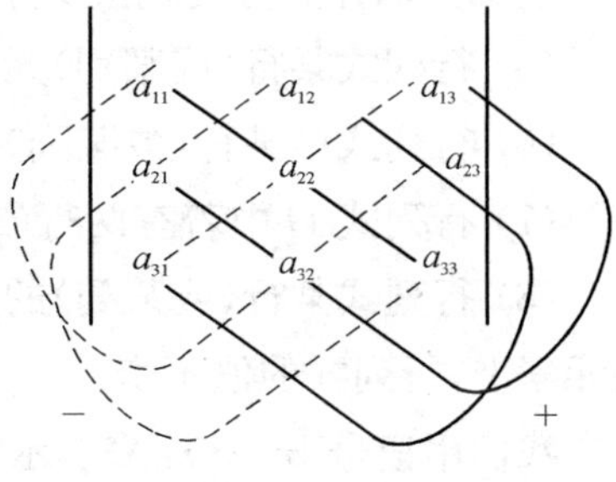

图 10-1　对角线法

$$\begin{vmatrix} a_{11} & a_{12} & a_{13} & a_{14} \\ a_{21} & a_{22} & a_{23} & a_{24} \\ a_{31} & a_{32} & a_{33} & a_{34} \\ a_{41} & a_{42} & a_{43} & a_{44} \end{vmatrix} = a_{11}A_{11} + a_{12}A_{12} + a_{13}A_{13} + a_{14}A_{14}$$

$$\begin{vmatrix} a_{11} & a_{12} & \cdots & a_{1n} \\ a_{21} & a_{22} & \cdots & a_{2n} \\ \cdots & \cdots & \cdots & \cdots \\ a_{n1} & a_{n2} & \cdots & a_{nn} \end{vmatrix} = a_{11}A_{11} + a_{12}A_{12} + \cdots + a_{1n}A_{1n}$$

其中 A_{11}, A_{12}, …, A_{1n} 分别是 a_{11}, a_{12}, …, a_{1n} 对应的代数余子式。

8. 行列式的性质

(1) 行列式 D 与它的转置行列式 D^T 相等,即 $D = D^T$。

(2) 任意交换行列式的两行(或两列),行列式变号。

我们用 $r_i(c_i)$ 表示行列式的第 i 行(列)的元素,并用 $r_i \leftrightarrow r_j(c_i \leftrightarrow c_j)$ 表示交换行列式的第 i 行(列)与第 j 行(列)。

(3) 如果行列式 D 中的两行(或两列)的元素对应相等,则 $D = 0$。

(4) 行列式 D 等于它的任意一行(列)的各元素与其对应的代数余子式的乘积之和,即

$$D = \begin{vmatrix} a_{11} & a_{12} & \cdots & a_{1n} \\ a_{21} & a_{22} & \cdots & a_{2n} \\ \cdots & \cdots & \cdots & \cdots \\ a_{n1} & a_{n2} & \cdots & a_{nn} \end{vmatrix}$$

$$= a_{i1}A_{i1} + a_{i2}A_{i2} + \cdots + a_{in}A_{in} \quad (i = 1, 2, \cdots, n)$$

或

$$= a_{1j}A_{1j} + a_{2j}A_{2j} + \cdots + a_{nj}A_{nj} \quad (j = 1, 2, \cdots, n)$$

上式分别称为行列式按 i 行展开[记作 $r(i)$]和按 j 列展开[记作 $c(j)$]。

(5) 行列式某行(或某列)元素有公因子 k,则 k 可提到行列式符号外面。

(6) 行列式中某行(或某列)元素全为零,则行列式的值为零。

(7) 行列式 D 中若有两行(或两列)对应元素成比例,则行列式 $D=0$。

(8) 行列式某行(或某列)的所有元素乘以常数 k 后加于另一行(或另一列)对应的元素上,行列式的值不变。

我们用记号 kr_i+r_j 来表示第 i 行所有元素乘以常数 k 后加于第 j 行对应的元素,用记号 kc_i+c_j 表示第 i 列所有元素乘以常数 k 后加于第 j 列对应的元素。

9. 方阵的行列式

由 n 阶方阵 $A=(a_{ij})_{n\times n}$ 的元素按原来次序组成的 n 阶行列式

$$\begin{vmatrix} a_{11} & a_{12} & \cdots & a_{1n} \\ a_{21} & a_{22} & \cdots & a_{2n} \\ \cdots & \cdots & \cdots & \cdots \\ a_{n1} & a_{n2} & \cdots & a_{nn} \end{vmatrix}$$

称为方阵 A 的行列式,记为 $|A|$ 或 $\det(A)$。

方阵的行列式具有如下性质:

(1) $|\lambda A|=\lambda^n|A|$。

(2) A, B 为 n 阶方阵时, $|AB|=|A||B|$。

10. 逆矩阵

设 A 是 n 阶方阵,如果存在 n 阶方阵 B,使得

$$AB=BA=E$$

则称矩阵 B 是矩阵 A 的逆矩阵,记为 A^{-1};并称 A 是可逆矩阵(或 A 是可逆的)。

1) 逆矩阵的性质

(1) 如果 n 阶方阵 A 是可逆矩阵,则 A^{-1} 也是可逆矩阵,且 $(A^{-1})^{-1}=A$。

(2) 如果 n 阶方阵 A, B 都是可逆矩阵,则 AB 也是可逆矩阵,且 $(AB)^{-1}=B^{-1}A^{-1}$。

(3) 如果 n 阶方阵 A 是可逆矩阵,则 A^T 也是可逆矩阵,且 $(A^T)^{-1}=(A^{-1})^T$。

(4) n 阶方阵 A 是可逆矩阵的充分必要条件是 A 的行列式 $|A|\neq 0$。

2) 求逆矩阵的方法

方法一：利用伴随矩阵

$$A^{-1}=\frac{1}{|A|}A^*$$

其中，A^* 称为 A 的伴随矩阵，它是 $|A|$ 的元素 a_{ij} 的代数余子式 A_{ij} 构成的方阵。即

$$A^*=\begin{pmatrix} A_{11} & A_{21} & \cdots & A_{n1} \\ A_{12} & A_{22} & \cdots & A_{n2} \\ \cdots & \cdots & \cdots & \cdots \\ A_{1n} & A_{2n} & \cdots & A_{nn} \end{pmatrix}$$

方法二：利用初等变换

$$(A \,\vdots\, E) \xrightarrow{\text{初等行变换}} (E \,\vdots\, A^{-1})$$

11. 解线性方程组

对于 n 个未知数 n 个方程的线性方程组

$$\begin{cases} a_{11}x_1+a_{12}x_2+\cdots+a_{1n}x_n=b_1 \\ a_{21}x_1+a_{22}x_2+\cdots+a_{2n}x_n=b_2 \\ \cdots \quad \cdots \quad \cdots \quad \cdots \quad \cdots \\ a_{n11}x_1+a_{n2}x_2+\cdots+a_{nn}x_n=b_n \end{cases}$$

即

$$AX=B$$

其中，$A=(a_{ij})_n$，$X=(x_1, x_2, \cdots, x_n)^T$，$B=(b_1, b_2, \cdots, b_n)^T$。

解法一（克莱姆法则） 如果系数行列式 $D=|A|\neq 0$，则线性方程组有解且仅有唯一解：

$$x_1=\frac{D_1}{D},\ x_2=\frac{D_2}{D},\ \cdots,\ x_n=\frac{D_n}{D}$$

其中，D_j 是将行列式 D 中第 j 列元素换为 $b_1, b_2, \cdots, b_n$ 所得的 n 阶行列式（$j=1, 2, \cdots, n$）。

解法二 如果 $D\neq 0$，于是 A^{-1} 存在，则解 $X=A^{-1}B$。

第二节 例 题 分 析

【例 1】 设 $A=\begin{pmatrix} x & 1 \\ 2x-y & x-y \end{pmatrix}$, $B=\begin{pmatrix} 3y-3z & 1 \\ -2 & 6-z \end{pmatrix}$。

若 $A=B$, 求 x, y, z 的值。

分析 根据矩阵 A 与 B 相等的定义,A 与 B 对应的元素应该相等,由此得方程组,求得 x, y, z 的值。

解 由 $A=B$, 得方程组

$$\begin{cases} x=3y-3z \\ 2x-y=-2 \\ x-y=6-z \end{cases}$$

解方程组,得解 $x=9$, $y=20$, $z=17$。

【例 2】 已经 $\begin{pmatrix} 1 & y \\ -2 & 2 \end{pmatrix}\begin{pmatrix} 2 & x \\ 3 & 2 \end{pmatrix}=\begin{pmatrix} -4 & w \\ z & 2 \end{pmatrix}$,求 z, y, z, w。

分析 首先根据矩阵乘法计算 $\begin{pmatrix} 1 & y \\ -2 & 2 \end{pmatrix}\begin{pmatrix} 2 & x \\ 3 & 2 \end{pmatrix}$

得
$$\begin{pmatrix} 2+3y & x+2y \\ 2 & 4-2x \end{pmatrix}$$

然后由 $\begin{pmatrix} 2+3y & x+2y \\ 2 & 4-2x \end{pmatrix}=\begin{pmatrix} -4 & w \\ z & 2 \end{pmatrix}$,求 x, y, z, w。

解 因为 $\begin{pmatrix} 1 & y \\ -2 & 2 \end{pmatrix}\begin{pmatrix} 2 & x \\ 3 & 2 \end{pmatrix}=\begin{pmatrix} 2+3y & x+2y \\ 2 & 4-2x \end{pmatrix}$

所以 $\begin{pmatrix} 2+3y & x+2y \\ 2 & 4-2x \end{pmatrix}=\begin{pmatrix} -4 & w \\ z & 2 \end{pmatrix}$

得方程组

$$\begin{cases} 2+3y=-4 \\ x+2y=w \\ 2=z \\ 4-2x=2 \end{cases}$$

解方程组,得解 $x=1$, $y=-2$, $z=2$, $w=-3$。

【例 3】 设矩阵 $A=\begin{pmatrix}5&1&0&3\\2&4&5&3\end{pmatrix}$，$B=\begin{pmatrix}4&2\\-2&4\\1&3\\1&-5\end{pmatrix}$，求 AB，BA，A^TB^T。

分析 根据矩阵的乘法以及转置和减法的定义进行计算。

解 $AB=\begin{pmatrix}5&1&0&3\\2&4&5&3\end{pmatrix}\begin{pmatrix}4&2\\-2&4\\1&3\\1&-5\end{pmatrix}=\begin{pmatrix}21&-1\\8&20\end{pmatrix}$

$$BA=\begin{pmatrix}4&2\\-2&4\\1&3\\1&-5\end{pmatrix}\begin{pmatrix}5&1&0&3\\2&4&5&3\end{pmatrix}=\begin{pmatrix}24&12&10&18\\-2&14&20&6\\11&13&15&12\\-5&-19&-25&-12\end{pmatrix}$$

$$A^TB^T=(BA)^T=\begin{pmatrix}24&-2&11&-5\\12&14&13&-19\\10&20&15&-25\\18&6&12&-12\end{pmatrix}$$

【例 4】 把矩阵化为行阶梯矩阵，并求矩阵的秩。

(1) $A=\begin{pmatrix}1&2&2&11\\1&2&-3&-14\\3&1&1&3\\2&5&5&28\end{pmatrix}$

(2) $B=\begin{pmatrix}1&3&2\\-2&-1&1\\2&-1&-3\\3&5&4\\1&-3&-2\end{pmatrix}$

分析 按行阶梯形矩阵的定义，通过矩阵的初等行变换将矩阵化为零行，全部位于零行的下方，且各个非零行的左起第一个非零元素的列标严格增大。矩阵的秩是指行阶梯形矩阵的非零行的行数。

解 (1) $A=\begin{pmatrix}1&2&2&11\\1&2&-3&-14\\3&1&1&3\\2&5&5&28\end{pmatrix}\xrightarrow[(-2)r_1+r_4]{\substack{(-1)r_1+r_2\\(-3)r_1+r_3}}\begin{pmatrix}1&2&2&11\\0&0&-5&-25\\0&-5&-5&-30\\0&1&1&6\end{pmatrix}$

$\xrightarrow{r_2\leftrightarrow r_4}\begin{pmatrix}1&2&2&11\\0&1&1&6\\0&-5&-5&-30\\0&0&-5&-25\end{pmatrix}$

$\xrightarrow{5r_2+r_3}\begin{pmatrix}1&2&2&11\\0&1&1&6\\0&0&0&0\\0&0&-5&-25\end{pmatrix}$

$\xrightarrow{r_3\leftrightarrow r_4}\begin{pmatrix}1&2&2&11\\0&1&1&6\\0&0&-5&-25\\0&0&0&0\end{pmatrix}$

所以$R(A)=3$

(2) $B=\begin{pmatrix}1&3&2\\-2&-1&1\\2&-1&-3\\3&5&4\\1&-3&-2\end{pmatrix}\xrightarrow[\substack{(-3)r_1+r_4\\(-1)r_1+r_5}]{\substack{2r_1+r_2\\(-2)r_1+r_3}}\begin{pmatrix}1&3&2\\0&5&5\\0&-7&-7\\0&-4&-2\\0&-6&-4\end{pmatrix}$

$\xrightarrow{r_3+r_2}\begin{pmatrix}1&3&2\\0&-2&-2\\0&-7&-7\\0&-4&-2\\0&-6&-4\end{pmatrix}$

$\xrightarrow[\substack{(-2)r_2+r_4\\(-3)r_2+r_5}]{-\frac{7}{2}r_2+r_3}\begin{pmatrix}1&3&2\\0&-2&-2\\0&0&0\\0&0&2\\0&0&2\end{pmatrix}$

$$\xrightarrow{(-1)r_4+r_5}\begin{pmatrix}1&3&2\\0&-2&-2\\0&0&0\\0&0&0\\0&0&2\end{pmatrix}\xrightarrow{r_3\leftrightarrow r_4}\begin{pmatrix}1&3&2\\0&-2&-2\\0&0&2\\0&0&0\\0&0&0\end{pmatrix}$$

所以 $R(B)=3$

【例 5】 计算行列式 $\begin{vmatrix}34\,215&35\,215\\28\,092&29\,092\end{vmatrix}$。

分析 直接计算太繁，由于第一行的元素差为 1 000，第二行的元素也是 1 000，利用行列式性质计算较方便。

解 $$\begin{vmatrix}34\,215&35\,215\\28\,092&29\,092\end{vmatrix}\overline{\overline{-c_1+c_2}}\begin{vmatrix}34\,215&1\,000\\28\,092&1\,000\end{vmatrix}=$$

$$1\,000\begin{vmatrix}34\,215&1\\28\,092&1\end{vmatrix}\overline{\overline{-r_2+r_1}}1\,000\begin{vmatrix}6\,123&0\\28\,092&1\end{vmatrix}=6\,123\,000$$

【例 6】 计算行列式 $\begin{vmatrix}1&2&0&1\\1&3&5&0\\0&1&5&6\\1&3&3&4\end{vmatrix}$。

分析 应用行列式的性质将某行(列)的元素，除一个不等于零以外，其余均化为零，再按该行(列)展开。

解 $$\begin{vmatrix}1&2&0&1\\1&3&5&0\\0&1&5&6\\1&3&3&4\end{vmatrix}\overline{\overline{\substack{(-1)c_1+c_4\\(-2)c_1+c_2}}}\begin{vmatrix}1&0&0&0\\1&1&5&-1\\0&1&5&6\\1&1&3&3\end{vmatrix}\overline{\overline{r(1)}}$$

$$\begin{vmatrix}1&5&-1\\1&5&6\\1&3&3\end{vmatrix}\overline{\overline{\substack{(-5)c_1+c_2\\c_1+c_3}}}$$

$$\begin{vmatrix}1&0&0\\1&0&7\\1&-2&4\end{vmatrix}\overline{\overline{r(1)}}$$

$$\begin{vmatrix} 0 & 7 \\ -2 & 4 \end{vmatrix} =$$

$$0\times 4-(-2)\times 7=14$$

【例 7】 已知矩阵 $A=\begin{pmatrix} 1 & -3 & 2 \\ -3 & 0 & 1 \\ 1 & 1 & -1 \end{pmatrix}$，求 A^{-1}。

分析 有两种方法可用。解法一利用了公式 $A^{-1}=\dfrac{1}{|A|}A^*$，解法二利用了初等行变换。

解法一 $|A|=-1\neq 0$，则逆矩阵存在。

$$A_{11}=(-1)^{1+1}\begin{vmatrix} 0 & 1 \\ 1 & -1 \end{vmatrix}=-1,\quad A_{21}=(-1)^{2+1}\begin{vmatrix} -3 & 2 \\ 1 & -1 \end{vmatrix}=-1$$

$$A_{12}=(-1)^{1+2}\begin{vmatrix} -3 & 1 \\ 1 & -1 \end{vmatrix}=-2,\quad A_{22}=(-1)^{2+2}\begin{vmatrix} 1 & 2 \\ 1 & -1 \end{vmatrix}=-3$$

$$A_{13}=(-1)^{1+3}\begin{vmatrix} -3 & 0 \\ 1 & 1 \end{vmatrix}=-3,\quad A_{23}=(-1)^{2+3}\begin{vmatrix} 1 & -3 \\ 1 & 1 \end{vmatrix}=-4$$

$$A_{31}=(-1)\begin{vmatrix} -3 & 2 \\ 0 & 1 \end{vmatrix}=-3,\quad A_{32}=(-1)^{3+2}\begin{vmatrix} 1 & 2 \\ -3 & 1 \end{vmatrix}=-7$$

$$A_{33}=(-1)^{3+3}\begin{vmatrix} 1 & -3 \\ -3 & 0 \end{vmatrix}=-9$$

$$A^*=\begin{pmatrix} A_{11} & A_{21} & A_{31} \\ A_{12} & A_{22} & A_{32} \\ A_{13} & A_{22} & A_{33} \end{pmatrix}=\begin{pmatrix} -1 & -1 & -3 \\ -2 & -3 & -7 \\ -3 & -4 & -9 \end{pmatrix}$$

故 $$A^{-1}=\frac{1}{|A|}A^*=\begin{pmatrix} 1 & 1 & 3 \\ 2 & 3 & 7 \\ 3 & 4 & 9 \end{pmatrix}$$

解法二 $\left(\begin{array}{ccc:ccc} 1 & -3 & 2 & 1 & 0 & 0 \\ -3 & 0 & 1 & 0 & 1 & 0 \\ 1 & 1 & 1 & 0 & 0 & 1 \end{array}\right)$

$$\xrightarrow[3r_1+r_2]{(-1)r_1+r_3}\left(\begin{array}{ccc:ccc}1&-3&2&1&0&0\\0&-9&7&3&1&0\\0&4&-3&-1&0&1\end{array}\right)$$

$$\xrightarrow{\frac{5}{2}r_3+r_2}\left(\begin{array}{ccc:ccc}1&-3&2&1&0&0\\0&1&-\frac{1}{2}&\frac{1}{2}&1&\frac{5}{2}\\0&4&-3&-1&0&1\end{array}\right)$$

$$\xrightarrow{(-4)r_2+r_3}\left(\begin{array}{ccc:ccc}1&-3&2&1&0&0\\0&1&-\frac{1}{2}&\frac{1}{2}&1&\frac{5}{2}\\0&0&-1&-3&-4&-9\end{array}\right)$$

$$\xrightarrow{(-1)r_3}\left(\begin{array}{ccc:ccc}1&-3&2&1&0&0\\0&1&-\frac{1}{2}&\frac{1}{2}&1&\frac{5}{2}\\0&0&1&3&4&9\end{array}\right)$$

$$\xrightarrow[\frac{1}{2}r_3+r_2]{(-2)r_3+r_1}\left(\begin{array}{ccc:ccc}1&-3&0&-5&-8&-18\\0&1&0&2&3&7\\0&0&1&3&4&9\end{array}\right)$$

$$\xrightarrow{3r_2+r_1}\left(\begin{array}{ccc:ccc}1&0&0&1&1&3\\0&1&0&2&3&7\\0&0&1&3&4&9\end{array}\right)$$

所以 $A^{-1}=\begin{pmatrix}1&1&3\\2&3&7\\3&4&9\end{pmatrix}$

【例 8】 利用逆矩阵求解线性方程组 $\begin{cases}x_1-3x_2+2x_3=1\\-3x_1+\qquad x_3=2\\x+\ x_2-\ x_3=0\end{cases}$。

分析 记系数矩阵 $A=\begin{pmatrix}1&-3&2\\-3&0&1\\1&1&-1\end{pmatrix}$，$X=\begin{pmatrix}x_1\\x_2\\x_2\end{pmatrix}$，$B=\begin{pmatrix}1\\2\\0\end{pmatrix}$。则方程组可

以表示为 $AX=B$，当矩阵可逆时，解为 $X=A^{-1}B$。

解 计算 A 的逆矩阵，由[例 8]可得

$$A^{-1}=\begin{pmatrix}1&1&3\\2&3&7\\3&4&9\end{pmatrix}$$

$$X=A^{-1}B=\begin{pmatrix}1&1&3\\2&3&7\\3&4&9\end{pmatrix}\begin{pmatrix}1\\2\\0\end{pmatrix}=\begin{pmatrix}3\\8\\11\end{pmatrix}$$

即解为 $x_1=3$，$x_2=8$，$x_3=11$

【例 9】 求解矩阵方程 $X\begin{pmatrix}2&5\\1&3\end{pmatrix}=\begin{pmatrix}4&1&0\\2&6&5\end{pmatrix}^T$。

分析 当 A 可逆时，矩阵方程 $XA=B$ 的解为 $X=BA^{-1}$。

解 设 $A=\begin{pmatrix}2&5\\1&3\end{pmatrix}$，$B=\begin{pmatrix}4&1&0\\2&6&5\end{pmatrix}^T$，所以 $XA=B$，$|A|=1$，所以 A 可逆。

$$A_{11}=3\qquad A_{21}=-5$$
$$A_{12}=-1\quad A_{22}=2$$

故

$$A^{-1}=\begin{pmatrix}3&-5\\-1&2\end{pmatrix}$$

$$X=BA^{-1}=\begin{pmatrix}4&2\\1&6\\0&5\end{pmatrix}\begin{pmatrix}3&-5\\-1&2\end{pmatrix}=\begin{pmatrix}10&-16\\-3&7\\-5&10\end{pmatrix}$$

第三节　习 题 选 解

习　题　10－1

1. 写出下列方程组的增广矩阵 A。

(1) $\begin{cases} x_1 + 2x_2 + 3x_3 = 1 \\ 5x_1 + x_2 + 6x_3 = 2 \end{cases}$。

解 方程组的增广矩阵 $\widetilde{A} = \begin{pmatrix} 1 & 2 & 3 & 1 \\ 5 & 1 & 6 & 2 \end{pmatrix}$

3. 已知矩阵

$A = \begin{pmatrix} x+y & 0 & 1 \\ x-y & 2 & 1 \end{pmatrix}$, $B = \begin{pmatrix} 4 & a-2b & 1 \\ 2 & 2 & b \end{pmatrix}$,且 $A = B$

试求常数 x, y, a, b。

分析 根据矩阵相等的定义：对应元素相等,由此建立方程组,然后解方程组。

解 因为 $A = B$, 得方程组

$$\begin{cases} x + y = 4 \\ a - 2b = 0 \\ x - y = 2 \\ b = 1 \end{cases}$$

解上方程组,得解 $a = 2$, $b = 1$, $x = 3$, $y = 1$。

习 题 10－2

3. 设矩阵

$$A = \begin{pmatrix} 2 & 0 \\ 3 & 1 \\ 7 & 9 \end{pmatrix}, B = \begin{pmatrix} -3 & 7 \\ 4 & 1 \\ 5 & -4 \end{pmatrix}$$

(1) 计算 $2A - 5B$。(2) 若 X 满足 $-2A - 5B + 6X = 3A$, 求 X。

分析 (1) 计算 $2A$, $5B$,然后相减。

(2) 首先由 $-2A - 5B + 6X = 3A$ 得 $X = \frac{5}{6}(A + B)$, 然后进行矩阵运算,可得 X。

解 (1) $2A - 5B = 2\begin{pmatrix} 2 & 0 \\ 3 & 1 \\ 7 & 9 \end{pmatrix} - 5\begin{pmatrix} -3 & 7 \\ 4 & 1 \\ 5 & -4 \end{pmatrix} =$

$$\begin{pmatrix} 4+15 & 0-35 \\ 6-20 & 2-5 \\ 14-25 & 18+20 \end{pmatrix} = \begin{pmatrix} 19 & -35 \\ -14 & -3 \\ -11 & 38 \end{pmatrix}$$

(2) 因为 $-2A-5B+6X=3A$，所以

$$X=\frac{5}{6}(A+B)=\frac{5}{6}\left(\begin{pmatrix} 2 & 0 \\ 3 & 1 \\ 7 & 9 \end{pmatrix}+\begin{pmatrix} -3 & 7 \\ 4 & 1 \\ 5 & -4 \end{pmatrix}\right)=\frac{5}{6}\begin{pmatrix} -1 & 7 \\ 7 & 2 \\ 12 & 5 \end{pmatrix}=\begin{pmatrix} -\frac{5}{6} & \frac{35}{6} \\ \frac{35}{6} & \frac{5}{3} \\ 10 & \frac{25}{6} \end{pmatrix}$$

5. 计算下列矩阵。

(2) $\begin{pmatrix} 1 \\ 3 \\ -5 \end{pmatrix}(7 \quad 0 \quad -2)$　　(6) $\begin{pmatrix} 1 & 2 & 3 \\ -2 & 1 & 2 \end{pmatrix}\begin{pmatrix} 1 & 2 & 0 \\ 0 & 1 & 1 \\ 3 & 0 & -1 \end{pmatrix}$

(8) $\begin{pmatrix} 3 & 4 \\ 5 & 6 \end{pmatrix}\begin{pmatrix} -2 & 0 \\ -3 & 4 \end{pmatrix}+3\begin{pmatrix} 1 & -2 \\ 0 & -6 \end{pmatrix}$

分析　按矩阵乘法的定义计算。若 A 为 $m\times s$ 矩阵，B 为 $s\times n$ 矩阵，则 AB 是 $m\times n$ 矩阵，AB 的第 i 行元素是由 A 的第 i 行元素分别与 B 的第一列、第二列、…、第 n 列的元素对应相乘之和，$i=1, 2, \cdots, m$。

解　(2) $\begin{pmatrix} 1 \\ 3 \\ -5 \end{pmatrix}(7 \quad 0 \quad -2)=\begin{pmatrix} 7 & 0 & -2 \\ 21 & 0 & -6 \\ -35 & 0 & 10 \end{pmatrix}$

(6) $\begin{pmatrix} 1 & 2 & 3 \\ -2 & 1 & 2 \end{pmatrix}\begin{pmatrix} 1 & 2 & 0 \\ 0 & 1 & 1 \\ 3 & 0 & -1 \end{pmatrix}=\begin{pmatrix} 10 & 4 & -1 \\ 4 & -3 & -1 \end{pmatrix}$

(8) $\begin{pmatrix} 3 & 4 \\ 5 & 6 \end{pmatrix}\begin{pmatrix} -2 & 0 \\ -3 & 4 \end{pmatrix}+3\begin{pmatrix} 1 & -2 \\ 0 & -6 \end{pmatrix}=\begin{pmatrix} -18 & 16 \\ -28 & 24 \end{pmatrix}+\begin{pmatrix} 3 & -6 \\ 0 & -18 \end{pmatrix}=$

$$\begin{pmatrix} -15 & 10 \\ -28 & 6 \end{pmatrix}$$

7. 设 $A=\begin{pmatrix}1&1&0\\0&1&1\\0&0&1\end{pmatrix}$，求 A^3，A^4。

分析 由 $A^2=AA$，$A^3=A^2A$，$A^4=A^3A$ 来计算。

解 $A^2=\begin{pmatrix}1&1&0\\0&1&1\\0&0&1\end{pmatrix}\begin{pmatrix}1&1&0\\0&1&1\\0&0&1\end{pmatrix}=\begin{pmatrix}1&2&1\\0&1&2\\0&0&1\end{pmatrix}$

$$A^3=A^2A=\begin{pmatrix}1&2&1\\0&1&2\\0&0&1\end{pmatrix}\begin{pmatrix}1&1&0\\0&1&1\\0&0&1\end{pmatrix}=\begin{pmatrix}1&3&3\\0&1&3\\0&0&1\end{pmatrix}$$

$$A^4=A^3A=\begin{pmatrix}1&3&3\\0&1&3\\0&0&1\end{pmatrix}\begin{pmatrix}1&1&0\\0&1&1\\0&0&1\end{pmatrix}=\begin{pmatrix}1&4&6\\0&1&4\\0&0&1\end{pmatrix}$$

习 题 10-3

1. 用矩阵的初等行变换化下列矩阵为行阶梯形矩阵，并求矩阵的秩。

(3) $\begin{pmatrix}3&2&-1&2&0&1\\4&1&0&-3&0&2\\2&-1&-2&1&1&-3\end{pmatrix}$ (7) $\begin{pmatrix}1&-1&2&1&0\\2&-2&4&2&0\\3&0&6&-1&1\\0&3&0&0&1\end{pmatrix}$

分析 一般地，如果第一行第一个元素不是1或−1，应用变换 kr_i+r_1，首先将第一行第一个元素化为1或−1，然后再应用初等变换 kr_1+r_j，将第一列的元素(除第一个以外)都化为0。

解 (3) $\begin{pmatrix}3&2&-1&2&0&1\\4&1&0&-3&0&2\\2&-1&-2&1&1&-3\end{pmatrix}\xrightarrow{-r_2+r_1}\begin{pmatrix}-1&1&-1&5&0&-1\\4&1&0&-3&0&2\\2&-1&-1&1&1&-3\end{pmatrix}$

$$\xrightarrow[2r_1+r_3]{4r_1+r_2}\begin{pmatrix}-1&1&-1&-1&0&-1\\0&5&-4&17&0&-2\\0&1&-4&11&1&-5\end{pmatrix}$$

$$\xrightarrow{-5r_3+r_2}\begin{pmatrix}-1 & 1 & -1 & -1 & 0 & -1\\ 0 & 0 & 16 & -38 & -5 & 23\\ 0 & 1 & -4 & 11 & 1 & -5\end{pmatrix}$$

$$\xrightarrow{r_2\leftrightarrow r_3}\begin{pmatrix}-1 & 1 & -1 & -1 & 0 & -1\\ 0 & 1 & -4 & 11 & 1 & -5\\ 0 & 0 & 16 & -38 & -5 & 23\end{pmatrix}$$

所以 $R(A)=3$

(7) $$\begin{pmatrix}1 & -1 & 2 & 1 & 0\\ 2 & -2 & 4 & 2 & 0\\ 3 & 0 & 6 & -1 & 1\\ 0 & 3 & 0 & 0 & 1\end{pmatrix}\xrightarrow[-3r_1+r_3]{-2r_1+r_2}\begin{pmatrix}1 & -1 & 2 & 1 & 0\\ 0 & 0 & 0 & 0 & 0\\ 0 & 3 & 0 & -4 & 1\\ 0 & 3 & 0 & 0 & 1\end{pmatrix}$$

$$\xrightarrow{-r_4+r_3}\begin{pmatrix}1 & -1 & 2 & 1 & 0\\ 0 & 0 & 0 & 0 & 0\\ 0 & 0 & 0 & -4 & 0\\ 0 & 3 & 0 & 0 & 1\end{pmatrix}\xrightarrow{r_2\leftrightarrow r_4}\begin{pmatrix}1 & -1 & 2 & 1 & 0\\ 0 & 3 & 0 & 0 & 1\\ 0 & 0 & 0 & -4 & 0\\ 0 & 0 & 0 & 0 & 0\end{pmatrix}$$

所以 $R(A)=3$

2. 设矩阵

$$A=\begin{pmatrix}1 & -2 & 3 & 4\\ 2 & -2 & 10 & 15\\ 1 & 0 & 7 & 2k+9\end{pmatrix},$$

如知 $R(A)=2$，求 k 的值。

分析 先把矩阵化为行阶梯形矩阵，由于秩是 2，则行阶梯矩阵的非零行的行数是 2，那么第三行的数应全是零，由此来确定 k 的值。

解 $$A=\begin{pmatrix}1 & -2 & 3 & 4\\ 2 & -2 & 10 & 15\\ 1 & 0 & 7 & 2k+9\end{pmatrix}\xrightarrow[-r_1+r_3]{-2r_1+r_2}\begin{pmatrix}1 & -2 & 3 & 4\\ 0 & 2 & 4 & 7\\ 0 & 2 & 4 & 2k+5\end{pmatrix}$$

$$\xrightarrow{-r_2+r_3}\begin{pmatrix}1 & -2 & 3 & 4\\ 0 & 2 & 4 & 7\\ 0 & 0 & 0 & 2k-2\end{pmatrix}$$

因为 $R(A)=2$,所以 $2k-2=0$,得 $k=1$。

习 题 10-4

2. 用行列式的定义,计算下列行列式。

(1) $\begin{vmatrix} 4 & 1 & 1 & 3 \\ 2 & 3 & 1 & 2 \\ 1 & -3 & 3 & 1 \\ 2 & 0 & 0 & 2 \end{vmatrix}$　　(4) $\begin{vmatrix} 4 & -1 & 1 & 2 \\ 5 & 0 & 1 & 1 \\ -1 & 2 & 2 & 0 \\ 2 & -1 & -2 & -1 \end{vmatrix}$

分析　由 $\begin{vmatrix} a_{11} & a_{12} & a_{13} & a_{14} \\ a_{21} & a_{22} & a_{23} & a_{24} \\ a_{31} & a_{32} & a_{33} & a_{34} \\ a_{41} & a_{42} & a_{43} & a_{44} \end{vmatrix} = a_{11}A_{11}+a_{12}A_{12}+a_{13}A_{13}+a_{14}A_{14}$ 来计算。

解　(1) $\begin{vmatrix} 4 & 1 & 1 & 3 \\ 2 & 3 & 1 & 2 \\ 1 & -3 & 3 & 1 \\ 2 & 0 & 0 & 2 \end{vmatrix} = 4A_{11}+A_{12}+A_{13}+3A_{14} =$

$$4\times(-1)^{1+1}\begin{vmatrix} 3 & 1 & 2 \\ -3 & 3 & 1 \\ 0 & 0 & 2 \end{vmatrix} + (-1)^{1+2}\begin{vmatrix} 2 & 1 & 2 \\ 1 & 3 & 1 \\ 2 & 0 & 2 \end{vmatrix} +$$

$$(-1)^{1+3}\begin{vmatrix} 2 & 3 & 2 \\ 1 & -3 & 1 \\ 2 & 0 & 2 \end{vmatrix} + 3\times(-1)^{1+4}\begin{vmatrix} 2 & 3 & 1 \\ 1 & -3 & 3 \\ 2 & 0 & 0 \end{vmatrix} =$$

$96+0+0-72=24$

(4) $\begin{vmatrix} 4 & -1 & 1 & 2 \\ 5 & 0 & 1 & 1 \\ -1 & 2 & 2 & 0 \\ 2 & -1 & -2 & -1 \end{vmatrix} = 4A_{11}+(-1)A_{12}+A_{13}+2A_{14} =$

$$4\times(-1)^{1+1}\begin{vmatrix} 0 & 1 & 1 \\ 2 & 2 & 0 \\ -1 & -2 & -1 \end{vmatrix} - (-1)^{1+2}\begin{vmatrix} 5 & 1 & 1 \\ -1 & 2 & 0 \\ 2 & -2 & -1 \end{vmatrix} +$$

$$(-1)^{1+3}\begin{vmatrix}5 & 0 & 1\\ -1 & 2 & 0\\ 2 & -1 & -1\end{vmatrix}+2\times(-1)^{1+4}\begin{vmatrix}5 & 0 & 1\\ -1 & 2 & 2\\ 2 & -1 & -2\end{vmatrix}=$$

$$0-13-13+26=0$$

3. 计算下列行列式。

(5) $\begin{vmatrix}2 & 0 & -1 & 3\\ 4 & 0 & 1 & -1\\ -3 & 1 & 0 & 1\\ 1 & 1 & 1 & 1\end{vmatrix}$　　(6) $\begin{vmatrix}1 & 2 & 3 & 4\\ 2 & 3 & 4 & 1\\ 3 & 4 & 1 & 2\\ 4 & 1 & 2 & 3\end{vmatrix}$

分析　第(6)题行列式的特点是每行(列)的元素均为 1, 2, 3, 4,如果将第二、第三、第四列加于第一列,那么第一列的元素均为 10。

解　(5) $\begin{vmatrix}2 & 0 & -1 & 3\\ 4 & 0 & 1 & -1\\ -3 & 1 & 0 & 1\\ 1 & 4 & 1 & 1\end{vmatrix}\xlongequal{(-4)r_3+r_4}-\begin{vmatrix}2 & 0 & -1 & 3\\ 4 & 0 & 1 & -1\\ -3 & 1 & 0 & 1\\ 13 & 0 & 1 & -3\end{vmatrix}\xlongequal{C(2)}$

$$-\begin{vmatrix}2 & -1 & 3\\ 4 & 1 & -1\\ 13 & 1 & -3\end{vmatrix}\xlongequal[r_1+r_3]{r_1+r_2}-\begin{vmatrix}2 & -1 & 3\\ 6 & 0 & 2\\ 15 & 0 & 0\end{vmatrix}=30$$

(6) $\begin{vmatrix}1 & 2 & 3 & 4\\ 2 & 3 & 4 & 1\\ 3 & 4 & 1 & 2\\ 4 & 1 & 2 & 3\end{vmatrix}\xlongequal[C_4+C_1]{\substack{C_2+C_1\\ C_3+C_1}}\begin{vmatrix}10 & 2 & 3 & 4\\ 10 & 3 & 4 & 1\\ 10 & 4 & 1 & 2\\ 10 & 1 & 2 & 3\end{vmatrix}=$

$$10\begin{vmatrix}1 & 2 & 3 & 4\\ 1 & 3 & 4 & 1\\ 1 & 4 & 1 & 2\\ 1 & 1 & 2 & 3\end{vmatrix}\xlongequal[\substack{(-1)r_1+r_3\\ (-1)r_1+r_4}]{(-1)r_1+r_2}10\begin{vmatrix}1 & 2 & 3 & 4\\ 0 & 1 & 1 & -3\\ 0 & 2 & -2 & -2\\ 0 & -1 & -1 & -1\end{vmatrix}\xlongequal[r_2+r_4]{-2r_2+r_3}$$

$$10\begin{vmatrix}1 & 2 & 3 & 4\\ 0 & 1 & 1 & -3\\ 0 & 0 & -4 & 4\\ 0 & 0 & 0 & -4\end{vmatrix}=160$$

5. 用行列式求解线性方程组。

(4) $\begin{cases} x+\ \ y+z=1 \\ 2x-3y+z=1 \\ 4x+\ \ y+2z=2 \end{cases}$

(6) $\begin{cases} x_1+\ \ x_2-\ \ x_3=5 \\ 2x_1+\ \ x_2-3x_3=10 \\ 3x_1+4x_2+5x_3=1 \end{cases}$

分析 应用克莱姆法则来解。

解 (4) $D=\begin{vmatrix} 1 & 1 & 1 \\ 2 & -3 & 1 \\ 4 & 1 & 2 \end{vmatrix}=7\neq 0$, $D_1=\begin{vmatrix} 1 & 1 & 1 \\ 1 & -3 & 1 \\ 2 & 1 & 2 \end{vmatrix}=0$

$$D_2=\begin{vmatrix} 1 & 1 & 1 \\ 2 & 1 & 1 \\ 4 & 2 & 2 \end{vmatrix}=0,\ D=\begin{vmatrix} 1 & 1 & 1 \\ 2 & -3 & 1 \\ 4 & 1 & 2 \end{vmatrix}=7$$

$$x=\frac{D_1}{D}=0,\ y=\frac{D_2}{D}=0,\ z=\frac{D_3}{D}=1$$

(6) $D=\begin{vmatrix} 1 & 1 & -1 \\ 2 & 1 & -3 \\ 3 & 4 & 5 \end{vmatrix}=-7\neq 0$, $D_1=\begin{vmatrix} 5 & 1 & -1 \\ 10 & 1 & -3 \\ 1 & 4 & 5 \end{vmatrix}=-7$

$$D_2=\begin{vmatrix} 1 & 5 & -1 \\ 2 & 10 & -3 \\ 3 & 1 & 5 \end{vmatrix}=-14,\ D_3=\begin{vmatrix} 1 & 1 & 5 \\ 2 & 1 & 10 \\ 3 & 4 & 1 \end{vmatrix}=14$$

$$x=\frac{D_1}{D}=1,\ y=\frac{D_2}{D}=2,\ z=\frac{D_3}{D}=-2$$

习 题 10-5

1. 如果 A 是可逆矩阵,求 k 的值。

(2) $A=\begin{pmatrix} k & 0 & -1 \\ 2 & k & 3 \\ 0 & -1 & 1 \end{pmatrix}$

分析　方阵A是可逆矩阵的充要条件是$|A|\neq 0$，所以只需由$|A|\neq 0$来确定k的值。

解　$$|A|=\begin{vmatrix} k & 0 & -1 \\ 2 & k & 3 \\ 0 & -1 & 1 \end{vmatrix}=k^2+2+3k\neq 0$$

所以$k\neq -1$，且$k\neq -2$时A是可逆矩阵。

2. 判断下列矩阵是否为可逆矩阵，若是可逆矩阵，求其逆矩阵。

(2) $\begin{pmatrix} 4 & 3 & 3 \\ 1 & 2 & 0 \\ 2 & 1 & 3 \end{pmatrix}$

分析　方阵A是否为可逆矩阵，由$|A|$是否为0来判断，如果$|A|\neq 0$，则A是可逆矩阵，其逆矩阵$A^{-1}=\dfrac{1}{|A|}A^*$。

解　因为$|A|=\dfrac{1}{6}$，所以A为可逆矩阵。

$A_{11}=6$，　$A_{21}=-6$，　$A_{31}=-6$

$A_{12}=-3$，　$A_{22}=6$，　$A_{32}=3$

$A_{13}=-3$，　$A_{23}=2$，　$A_{33}=5$

所以　$$A^*=\begin{pmatrix} 6 & -6 & -6 \\ -3 & 6 & 3 \\ -3 & 2 & 5 \end{pmatrix}$$

$$A^{-1}=\frac{1}{|A|}A^*=\begin{pmatrix} 1 & -1 & -1 \\ -\frac{1}{2} & 1 & \frac{1}{2} \\ -\frac{1}{2} & \frac{1}{3} & \frac{5}{6} \end{pmatrix}$$

3. 用逆矩阵解线性方程组。

(4) $\begin{cases} x_1+x_2-2x_3=-3 \\ 5x_1-2x_2+7x_3=22 \\ 2x_1-5x_2+4x_3=4 \end{cases}$

分析　方程组可用矩阵形式表示为 $AX=B$，其中

$$A=\begin{pmatrix}1 & 1 & -2\\ 5 & -2 & 7\\ 2 & -5 & 4\end{pmatrix},\ X=\begin{pmatrix}x_1\\ x_2\\ x_3\end{pmatrix},\ B=\begin{pmatrix}-2\\ 22\\ 4\end{pmatrix}$$

如果 A 是可逆矩阵，则 $X=A^{-1}B$。

解　设 $A=\begin{pmatrix}1 & 1 & -2\\ 5 & -2 & 7\\ 2 & -5 & 4\end{pmatrix},\ X=\begin{pmatrix}x_1\\ x_2\\ x_3\end{pmatrix},\ B=\begin{pmatrix}-2\\ 22\\ 4\end{pmatrix}$

则线性方程组化为矩阵形式 $AX=B$。

$|A|=63$

$A_{11}=27$，　$A_{21}=6$，$A_{31}=3$

$A_{12}=-6$，　$A_{22}=8$，$A_{32}=-17$

$A_{13}=-21$，$A_{23}=7$，$A_{33}=-7$

所以

$$A^*=\begin{pmatrix}27 & 6 & 3\\ -6 & 8 & -17\\ -21 & 7 & -7\end{pmatrix}$$

$$A^{-1}=\frac{1}{|A|}A^*=\begin{pmatrix}\frac{27}{63} & \frac{6}{63} & \frac{3}{63}\\ -\frac{6}{63} & \frac{8}{63} & -\frac{17}{63}\\ -\frac{21}{63} & \frac{7}{63} & -\frac{7}{63}\end{pmatrix}$$

$$X=A^{-1}B=\begin{pmatrix}\frac{27}{63} & \frac{6}{63} & \frac{3}{63}\\ -\frac{6}{63} & \frac{8}{63} & -\frac{17}{63}\\ -\frac{21}{63} & \frac{7}{63} & -\frac{7}{63}\end{pmatrix}\begin{pmatrix}-3\\ 22\\ 4\end{pmatrix}=\begin{pmatrix}1\\ 2\\ 3\end{pmatrix}$$

故 $x_1=1$，$x_2=2$，$x_3=3$

复习题十

4. 已知方阵 $A=\begin{pmatrix}1&2&-1\\2&2&1\\3&-2&k-7\end{pmatrix}$ 是可逆矩阵,求数 k 的取值范围。

解 方阵是可逆矩阵的充分必要条件是方阵的行列式不等于零。

$$|A|=\begin{vmatrix}1&2&-1\\2&2&1\\3&-2&k-7\end{vmatrix}=32-2k\neq 0,\ k\neq 16$$

6. 已知 $A=\begin{pmatrix}1&2&3&1\\2&4&0&-1\\-1&-2&3&2\\1&2&-9&-5\end{pmatrix}$，求 $R(A)$。

解 将矩阵化为行阶梯形矩阵

$$\begin{pmatrix}1&2&3&1\\2&4&0&-1\\-1&-2&3&2\\1&2&-9&-5\end{pmatrix}\xrightarrow[(-1)r_1+r_4]{\substack{(-2)r_1+r_2\\r_1+r_3}}\begin{pmatrix}1&2&3&1\\0&0&-6&-3\\0&0&6&3\\0&0&-12&-6\end{pmatrix}\xrightarrow[(-2)r_2+r_4]{r_2+r_3}\begin{pmatrix}1&2&3&1\\0&0&-6&-3\\0&0&0&0\\0&0&0&0\end{pmatrix}$$

$R(A)=2$

7. 分别用行列式和逆矩阵解线性方程组。

(2) $\begin{cases}x_1+2x_2+5x_3=1\\x_1+x_2+2x_3=0\\2x_1+3x_2+8x_3=1\end{cases}$

解法一

$$D=\begin{vmatrix}1&2&5\\1&1&2\\2&3&8\end{vmatrix}\xlongequal[(-2)r_1+r_3]{(-1)r_1+r_2}\begin{vmatrix}1&2&5\\0&-1&-3\\0&-1&-2\end{vmatrix}=-1\neq 0$$

$$D_1 = \begin{vmatrix} 1 & 2 & 5 \\ 0 & 1 & 2 \\ 1 & 3 & 8 \end{vmatrix} = \begin{vmatrix} 1 & 2 & 5 \\ 0 & 1 & 2 \\ 0 & 1 & 3 \end{vmatrix} = 1$$

$$D_2 = \begin{vmatrix} 1 & 1 & 5 \\ 1 & 0 & 2 \\ 2 & 1 & 8 \end{vmatrix} = \begin{vmatrix} 1 & 1 & 5 \\ 0 & -1 & -3 \\ 0 & -1 & -2 \end{vmatrix} = -1$$

$$D_3 = \begin{vmatrix} 1 & 2 & 1 \\ 1 & 1 & 0 \\ 2 & 3 & 1 \end{vmatrix} = \begin{vmatrix} 1 & 2 & 1 \\ 0 & -1 & -1 \\ 0 & -1 & -1 \end{vmatrix} = 0$$

$$x_1 = \frac{D_1}{D} = -1,\ x_2 = \frac{D_2}{D} = 1,\ x_3 = \frac{D_3}{D} = 0$$

解法二

$$A = \begin{pmatrix} 1 & 2 & 5 \\ 1 & 1 & 2 \\ 2 & 3 & 8 \end{pmatrix},\ |A| = -1$$

$A_{11} = 2$, $A_{21} = -1$, $A_{31} = -1$

$A_{12} = -4$, $A_{22} = -2$, $A_{32} = 3$

$A_{13} = 1$, $A_{23} = 1$, $A_{33} = -1$

$$A^{-1} = \begin{pmatrix} -2 & 1 & 1 \\ 4 & 2 & -3 \\ -1 & -1 & 1 \end{pmatrix}$$

$$\begin{pmatrix} x_1 \\ x_2 \\ x_3 \end{pmatrix} = A^{-1}\begin{pmatrix} 1 \\ 0 \\ 1 \end{pmatrix} = \begin{vmatrix} -2 & 1 & 1 \\ 4 & 2 & -3 \\ -1 & -1 & 1 \end{vmatrix}\begin{pmatrix} 1 \\ 0 \\ 1 \end{pmatrix} = \begin{pmatrix} -1 \\ 1 \\ 0 \end{pmatrix}$$

所以解为 $x_1 = -1$，$x_2 = 1$，$x_3 = 0$。

第四节　测试题及其解答

一、测 试 题

(一) A　　卷

1. 单项选择题。

(1) 设 A, B 分别为 $m\times n$、$n\times m$ 矩阵,且 $m\neq n$。则下列运算结果为 n 阶方阵的是(　　)。

a. BA　　b. AB　　c. $(AB)^T$　　d. B^TA^T

(2) 下列各式中,错误的是(　　)。

a. A 为矩阵,k、l 为数,则 $k(lA)=l(kA)$

b. 设 A、B 均为 3 阶方阵,则 $(AB)^T=A^TB^T$

c. 设 A 为可逆矩阵,则 $(A^{-1})^T=(A^T)^{-1}$

d. 设 A、B 都为 4×3 矩阵,则 $(A+B)^T=A^T+B^T$

(3) 行列式 $\begin{vmatrix} a_1 & b_1 & c_1 \\ a_2 & b_2 & c_2 \\ a_3 & b_3 & c_3 \end{vmatrix}$ 中元素 a_2 的代数余子式是(　　)。

a. $a_2\begin{vmatrix} b_1 & c_1 \\ b_3 & c_3 \end{vmatrix}$　　b. $(-1)^{2+1}a_2\begin{vmatrix} b_1 & c_1 \\ b_3 & c_3 \end{vmatrix}$

c. $\begin{vmatrix} b_1 & c_1 \\ b_3 & c_3 \end{vmatrix}$　　d. $(-1)^{2+1}\begin{vmatrix} b_1 & c_1 \\ b_3 & c_3 \end{vmatrix}$

2. 填空题。

(1) 设 A 是 3 阶方阵,且 $|A|=1$,则 $|2A|=$ ________。

(2) $2\begin{pmatrix} 2 & -1 & 2 \\ 5 & 3 & 1 \\ 1 & 0 & 0 \end{pmatrix}+$ ________ $=\begin{pmatrix} 1 & 2 & 0 \\ 3 & 1 & 1 \\ 0 & -1 & 2 \end{pmatrix}$

(3) $\begin{pmatrix} 2 & 4 \\ -1 & 0 \end{pmatrix}^2=$ ________

(4) $\begin{vmatrix} x & y & z \\ a & b & c \\ u & v & w \end{vmatrix} \overset{r_1 \leftrightarrow r_2}{=\!=} $ ________

3. 计算下列行列式。

(1) $\begin{vmatrix} 4 & 7 \\ 8 & 8 \end{vmatrix}$

(2) $\begin{vmatrix} 1 & 2 & -1 & 0 \\ 4 & 1 & -3 & 0 \\ 0 & 3 & 3 & 0 \\ 2 & 2 & -1 & 1 \end{vmatrix}$

4. 设 $A = \begin{pmatrix} 2 & 0 & -1 \\ 1 & 3 & 2 \\ 1 & 7 & -1 \end{pmatrix}$，$B = \begin{pmatrix} 1 & 7 & -1 \\ 4 & 2 & 3 \\ 2 & 0 & 1 \end{pmatrix}$，求 $(AB)^T$。

5. 设 $A = \begin{vmatrix} 4 & 3 & 5 \\ 5 & 5 & 8 \\ 5 & 4 & 11 \end{vmatrix}$，求 A^{-1}。

6. 设 $A = \begin{vmatrix} 2 & 3 & 4 & 1 \\ 1 & 3 & 8 & 1 \\ 2 & 4 & 8 & 0 \end{vmatrix}$，求 $R(A)$。

7. 求解方程组 $\begin{cases} 2x - y + 2z = 1 \\ 5x + 3y + z = 0 \\ x - z = -1 \end{cases}$

(二) B　　卷

1. 单项选择题。

(1) 设矩阵 A、B、C 分别为 4×2、2×4、3×4 矩阵，则下列矩阵运算可进行的是(　　)。

a. $A+B$　　　　b. AC

c. AB^T　　　　d. B^TA^T

(2) 设 A, B, C 为 n 阶方阵，A 是可逆矩阵，那么下列(　　)必成立。

a. 如果 $(A-C)B=O$，则 $A=C$　　　　b. 如果 $AB-E=O$，则 $B=E$

c. 如果 $A(B-C)=O$，则 $B=C$　　　　d. 如果 $O=CB$，则 $B=O$

(3) 行列式 $\begin{vmatrix} a_1 & b_1 & c_1 \\ a_2 & b_2 & c_2 \\ a_3 & b_3 & c_3 \end{vmatrix} = 10$,则 $\begin{vmatrix} 3a_1 & 6b_1 & 3c_1 \\ a_2 & 2b_2 & c_2 \\ a_3 & 2b_3 & c_3 \end{vmatrix} = ($　　$)$。

a. 10　　b. 20　　c. 30　　d. 60

2. 填空题。

(1) 设 A 是可逆矩阵,且满足 $XA = B$, 则 $X=$________。

(2) $4\begin{pmatrix} -2 & -1 & 3 \\ 8 & 3 & 1 \\ 1 & 0 & 0 \end{pmatrix} -$ ________ $= \begin{pmatrix} 1 & 0 & 0 \\ 0 & 1 & 0 \\ 0 & 0 & 2 \end{pmatrix}$。

(3) 设线性方程组 $\begin{cases} a_1x + b_1y + c_1z = d_1 \\ a_2x + b_2y + c_2z = d_2 \\ a_3x + b_3y + c_3z = d_3 \end{cases}$ 中

$D = \begin{vmatrix} a_1 & b_1 & c_1 \\ a_2 & b_2 & c_2 \\ a_3 & b_3 & c_3 \end{vmatrix} = 2$　　$D_1 = \begin{vmatrix} d_1 & b_1 & c_1 \\ d_2 & b_2 & c_2 \\ d_3 & b_3 & c_3 \end{vmatrix} = 4$

$D_2 = \begin{vmatrix} a_1 & d_1 & c_1 \\ a_2 & d_2 & c_2 \\ a_3 & d_3 & c_3 \end{vmatrix} = 8$　　$D_3 = \begin{vmatrix} a_1 & b_1 & d_1 \\ a_2 & b_2 & d_2 \\ a_3 & b_3 & d_3 \end{vmatrix} = 6$, 则

$x=$________, $y=$________, $z=$________。

(4) $\begin{vmatrix} x & y & z \\ a & b & c \\ u & v & w \end{vmatrix} \overset{r_1+r_2}{=\!=\!=}$ ________。

3. 设 $\begin{vmatrix} 1 & 6 & 1 \\ 1 & x & 0 \\ -3 & 4 & 5 \end{vmatrix} = 0$, 求 x 的值。

4. 计算行列式 $\begin{vmatrix} 1 & 4 & 5 & 0 \\ 3 & 1 & -2 & 3 \\ 0 & 4 & 7 & -1 \\ 3 & 8 & 10 & 1 \end{vmatrix}$。

5. 设 $B=\begin{vmatrix} 2 & 2 & 3 \\ -1 & 1 & 1 \\ 3 & 3 & 5 \end{vmatrix}$，且 $A(B-E)=E$，求 A^{-1}。

6. 设 $A=\begin{pmatrix} 1 & -2 & 0 \\ 2 & 1 & -1 \end{pmatrix}$，$B=\begin{pmatrix} -1 & 0 & -1 \\ 1 & 2 & 3 \\ 2 & 0 & -1 \end{pmatrix}$，求 $(B+2E)A^T$。

7. 设 $A=\begin{pmatrix} 2 & -1 & 0 & 3 \\ 1 & 4 & -3 & 3 \\ 2 & 2 & -2 & 4 \end{pmatrix}$，用矩阵初等行变换将 A 化为行最简阶梯形矩阵。

8. 求解方程组 $\begin{cases} 2x-3y+2z=1 \\ 5x+y+z=0 \\ x+y+z=-4 \end{cases}$。

二、测试题解答

(一) A 卷解答

1. 单项选择题。

(1)	(2)	(3)
a	b	d

(1) (略)

(2) 一般地，$AB\neq BA$，同样地 $(AB)^T\neq A^TB^T$，而 $(AB)^T=B^TA^T$ 成立。

(3) (略)

2. 填空题。

(1) $|2A|=2^3|A|=8$。

(2) $\begin{pmatrix} 1 & 2 & 0 \\ 3 & 1 & 1 \\ 0 & -1 & 2 \end{pmatrix}-2\begin{pmatrix} 2 & -1 & 2 \\ 5 & 3 & 1 \\ 1 & 0 & 0 \end{pmatrix}=\begin{pmatrix} -3 & 4 & -4 \\ -7 & -5 & -1 \\ -2 & -1 & 2 \end{pmatrix}$。

(3) $\begin{vmatrix} 2 & 4 \\ -1 & 0 \end{vmatrix}^2 = \begin{vmatrix} 2 & 4 \\ -1 & 0 \end{vmatrix}\begin{vmatrix} 2 & 4 \\ -1 & 0 \end{vmatrix} = \begin{vmatrix} 0 & 8 \\ -2 & -4 \end{vmatrix}$。

(4) $\begin{vmatrix} x & y & z \\ a & b & c \\ u & v & w \end{vmatrix} \xlongequal{r_1 \leftrightarrow r_2} -\begin{vmatrix} a & b & c \\ x & y & z \\ u & v & w \end{vmatrix}$。

3. (1) $\begin{vmatrix} 4 & 7 \\ 8 & 8 \end{vmatrix} = 32 - 56 = -24$

(2) $\begin{vmatrix} 1 & 2 & -1 & 0 \\ 4 & 1 & -3 & 0 \\ 0 & 3 & 3 & 0 \\ 2 & 2 & -1 & 1 \end{vmatrix} = \begin{vmatrix} 1 & 2 & -1 \\ 4 & 1 & -3 \\ 0 & 3 & 3 \end{vmatrix} = 3 + 0 - 12 - 24 + 9 = -24$

4. $AB = \begin{pmatrix} 2 & 0 & -1 \\ 1 & 3 & 2 \end{pmatrix}\begin{pmatrix} 1 & 7 & -1 \\ 4 & 2 & 3 \\ 2 & 0 & 1 \end{pmatrix} = \begin{pmatrix} 0 & 14 & -3 \\ 17 & 13 & 10 \end{pmatrix}$

$(AB)^T = \begin{pmatrix} 0 & 17 \\ 14 & 13 \\ -3 & 10 \end{pmatrix}$

5. $|A| = 22$

$A_{11} = (-1)^{1+1}\begin{vmatrix} 5 & 8 \\ 4 & 11 \end{vmatrix} = 23 \qquad A_{21} = (-1)^{2+1}\begin{vmatrix} 3 & 5 \\ 4 & 11 \end{vmatrix} = -13$

$A_{12} = (-1)^{1+2}\begin{vmatrix} 5 & 8 \\ 5 & 11 \end{vmatrix} = -15 \qquad A_{22} = (-1)^{2+2}\begin{vmatrix} 4 & 5 \\ 5 & 11 \end{vmatrix} = 19$

$A_{13} = (-1)^{1+3}\begin{vmatrix} 5 & 5 \\ 5 & 4 \end{vmatrix} = -5 \qquad A_{23} = (-1)^{2+3}\begin{vmatrix} 4 & 3 \\ 5 & 4 \end{vmatrix} = -1$

$A_{31} = (-1)^{3+1}\begin{vmatrix} 3 & 5 \\ 5 & 8 \end{vmatrix} = -1 \qquad A_{32} = (-1)^{3+2}\begin{vmatrix} 4 & 5 \\ 5 & 8 \end{vmatrix} = -7$

$A_{33} = (-1)^{3+3}\begin{vmatrix} 4 & 3 \\ 5 & 5 \end{vmatrix} = -5$

$$A^* = \begin{pmatrix} 23 & -13 & -1 \\ -15 & 19 & -7 \\ -5 & -1 & 5 \end{pmatrix}$$

所以 $A^{-1} = \dfrac{1}{|A|}A^* = \begin{pmatrix} \dfrac{23}{22} & -\dfrac{13}{22} & -\dfrac{1}{22} \\ -\dfrac{15}{22} & \dfrac{19}{22} & -\dfrac{7}{22} \\ -\dfrac{5}{22} & -\dfrac{1}{22} & \dfrac{5}{22} \end{pmatrix}$

6. $A = \begin{pmatrix} 2 & 3 & 4 & 1 \\ 1 & 3 & 8 & 1 \\ 2 & 4 & 8 & 0 \end{pmatrix} \xrightarrow{r_1 \leftrightarrow r_2} \begin{pmatrix} 1 & 3 & 8 & 1 \\ 2 & 3 & 4 & 1 \\ 2 & 4 & 8 & 0 \end{pmatrix}$

$$\xrightarrow[(-2)r_1+r_3]{(-2)r_1+r_2} \begin{pmatrix} 1 & 3 & 8 & 1 \\ 0 & -3 & -12 & -1 \\ 0 & -1 & -4 & -1 \end{pmatrix}$$

$$\xrightarrow{(-3)r_3+r_2} \begin{pmatrix} 1 & 3 & 8 & 1 \\ 0 & 0 & 0 & 2 \\ 0 & -1 & -4 & -1 \end{pmatrix}$$

$$\xrightarrow{r_2 \leftrightarrow r_3} \begin{pmatrix} 1 & 3 & 8 & 1 \\ 0 & -1 & -4 & -1 \\ 0 & 0 & 0 & 2 \end{pmatrix}$$

所以 $R(A) = 3$

7. $D = \begin{vmatrix} 2 & -1 & 2 \\ 5 & 3 & 1 \\ 1 & 0 & -1 \end{vmatrix} = -18 \quad D_1 = \begin{vmatrix} 1 & -1 & 2 \\ 0 & 3 & 1 \\ -1 & 0 & -1 \end{vmatrix} = 4$

$D_2 = \begin{vmatrix} 2 & 1 & 2 \\ 5 & 0 & 1 \\ 1 & -1 & -1 \end{vmatrix} = -2 \quad D_3 = \begin{vmatrix} 2 & -1 & 1 \\ 5 & 3 & 0 \\ 1 & 0 & -1 \end{vmatrix} = -14$

$x = -\dfrac{2}{9}$, $y = \dfrac{1}{9}$, $z = \dfrac{7}{9}$

(一) B 卷解答

1. 单项选择题。

(1)	(2)	(3)
d	c	d

(1) (略)

(2) 如果 $(A-C)B=0$，因为消去律不成立，所以不能推出 $A=C$，或 $B=0$。

如果 $AB-E=0$，那么 $AB=E$，于是 $B=A^{-1}$。

如果 $A(B-C)=0$，那么 $A^{-1}A(B-C)=A^{-1}0$，即 $B-C=0$，得 $B=C$。

如果 $0=CB$，不能推出 $B=0$ 或 $C=0$，故选 c。

(3) $\begin{vmatrix} 3a_1 & 6b_1 & 3c_1 \\ a_2 & 2b_2 & c_2 \\ a_3 & 2b_3 & c_3 \end{vmatrix} = 3\begin{vmatrix} a_1 & 2b_1 & c_1 \\ a_2 & 2b_2 & c_2 \\ a_3 & 2b_3 & c_3 \end{vmatrix} = 6\begin{vmatrix} a_1 & b_1 & c_1 \\ a_2 & b_2 & c_2 \\ a_3 & b_3 & c_3 \end{vmatrix} = 60$

故选 d。

2. 填空题。

(1) $X=BA^{-1}$

(2) $\begin{pmatrix} -9 & -4 & 12 \\ 32 & 11 & 4 \\ 4 & 0 & -2 \end{pmatrix}$

(3) $x=\dfrac{D_1}{D}=2$，$y=\dfrac{D_2}{D}=4$，$z=\dfrac{D_3}{D}=3$

(4) $\begin{vmatrix} x & y & z \\ a & b & c \\ u & v & w \end{vmatrix} \overset{r_1+r_2}{=\!=\!=} \begin{vmatrix} x & y & z \\ a+x & b+y & c+z \\ u & v & w \end{vmatrix}$。

3. $\begin{vmatrix} 1 & 6 & 1 \\ 1 & x & 0 \\ -3 & 4 & 5 \end{vmatrix} = 8x-26=0$，$x=\dfrac{13}{4}$

4. $\begin{vmatrix} 1 & 4 & 5 & 0 \\ 3 & 1 & -2 & 3 \\ 0 & 4 & 7 & -1 \\ 3 & 8 & 10 & 1 \end{vmatrix} \overset{\substack{(-3)r_1+r_2 \\ (-3)r_1+r_4}}{=\!=\!=\!=\!=} \begin{vmatrix} 1 & 4 & 5 & 0 \\ 0 & -11 & -17 & 3 \\ 0 & 4 & 7 & -1 \\ 0 & -4 & -5 & 1 \end{vmatrix}$

$$\xrightarrow[r_4+r_3]{(-3)r_4+r_2}\begin{vmatrix}1&4&5&0\\0&1&-2&0\\0&0&2&0\\0&-4&-5&1\end{vmatrix}=\begin{vmatrix}1&4&5\\0&1&-2\\0&0&2\end{vmatrix}=2$$

5. $C=B-E=\begin{pmatrix}1&2&3\\-1&0&1\\3&3&4\end{pmatrix}$，$|C|=2\neq 0$，$C$是可逆矩阵，

故　$A=C^{-1}$

又　$C_{11}=(-1)^{1+1}\begin{vmatrix}0&1\\3&4\end{vmatrix}=-3$　　$C_{21}=(-1)^{2+1}\begin{vmatrix}2&3\\3&4\end{vmatrix}=1$

$C_{12}=(-1)^{1+2}\begin{vmatrix}-1&1\\3&4\end{vmatrix}=7$　　$C_{22}=(-1)^{2+2}\begin{vmatrix}1&3\\3&4\end{vmatrix}=-5$

$C_{13}=(-1)^{1+3}\begin{vmatrix}-1&0\\3&3\end{vmatrix}=-3$　　$C_{23}=(-1)^{2+3}\begin{vmatrix}1&2\\3&3\end{vmatrix}=3$

$C_{31}=(-1)^{3+1}\begin{vmatrix}2&3\\0&1\end{vmatrix}=2$

$C_{32}=(-1)^{3+2}\begin{vmatrix}1&3\\-1&1\end{vmatrix}=-4$

$C_{33}=(-1)^{3+3}\begin{vmatrix}1&2\\-1&0\end{vmatrix}=2$

$$C^*=\begin{pmatrix}-3&1&2\\7&-5&-4\\-3&3&2\end{pmatrix}$$

$$A=C^{-1}=\frac{1}{|C|}C^*=\begin{pmatrix}-\frac{3}{2}&\frac{1}{2}&1\\\frac{7}{2}&-\frac{5}{2}&-2\\-\frac{3}{2}&\frac{3}{2}&1\end{pmatrix}$$

6. $(B+2E)A^T=\begin{pmatrix}1&0&-1\\1&4&3\\2&0&1\end{pmatrix}\begin{pmatrix}1&2\\-2&1\\0&-1\end{pmatrix}=\begin{pmatrix}1&3\\-7&3\\2&3\end{pmatrix}$

7. $A=\begin{pmatrix}2&-1&0&3\\1&4&-3&3\\2&2&-2&4\end{pmatrix}\xrightarrow{(-1)r_2+r_1}\begin{pmatrix}1&-5&3&0\\1&4&-3&3\\2&2&-2&4\end{pmatrix}$

$\xrightarrow[(-2)r_1+r_3]{(-1)r_1+r_2}\begin{pmatrix}1&-5&3&0\\0&9&-6&3\\0&12&-8&4\end{pmatrix}\xrightarrow{\frac{1}{3}r^2}\begin{pmatrix}1&-5&3&0\\0&1&-\frac{2}{3}&\frac{1}{3}\\0&12&8&4\end{pmatrix}$

$\xrightarrow{(-12)r_2+r_3}\begin{pmatrix}1&-5&3&0\\0&1&-\frac{2}{3}&\frac{1}{3}\\0&0&0&0\end{pmatrix}\xrightarrow{5r_2+r_1}\begin{pmatrix}1&0&-\frac{1}{3}&\frac{5}{3}\\0&1&-\frac{2}{3}&\frac{1}{3}\\0&0&0&0\end{pmatrix}$

8. $D=\begin{vmatrix}2&-3&2\\5&1&1\\1&1&1\end{vmatrix}=20$

$D_1=\begin{vmatrix}1&-3&2\\0&1&1\\-4&1&1\end{vmatrix}=20$

$D_2=\begin{vmatrix}2&1&2\\5&0&1\\1&-4&1\end{vmatrix}=-36$

$D_3=\begin{vmatrix}2&-3&1\\5&1&0\\1&1&-4\end{vmatrix}=-64$

$x=\frac{D_1}{D}=1$，$y=\frac{D_2}{D}=-\frac{9}{5}$，$z=\frac{D_3}{D}=-\frac{16}{5}$

第十一章 线性方程组

第一节 内容提要

1. 线性方程组的解法

对于非齐次线性方程组

$$\begin{cases} a_{11}x_1+a_{12}x_2+\cdots+a_{1n}x_n=b_1 \\ a_{21}x_1+a_{22}x_2+\cdots+a_{2n}x_n=b_2 \\ \cdots \quad \cdots \quad \cdots \quad \cdots \quad \cdots \\ a_{m1}x_1+a_{m2}x_2+\cdots+a_{mn}x_n=b_m \end{cases} \tag{11-1}$$

我们施行矩阵初等行变换将其增广矩阵 $\widetilde{\mathbf{A}}$ 化为行最简阶梯形矩阵，然后求得方程组(11－1)的解

对于齐次线性方程组

$$\begin{cases} a_{11}x_1+a_{12}x_2+\cdots+a_{1n}x_n=0 \\ a_{21}x_1+a_{22}x_2+\cdots+a_{2n}x_n=0 \\ \cdots \quad \cdots \quad \cdots \quad \cdots \quad \cdots \\ a_{m1}x_1+a_{m2}x_2+\cdots+a_{mn}x_n=0 \end{cases} \tag{11-2}$$

我们只要对(11－2)式的系数矩阵 $\mathbf{A}$ 施行初等行变换，将其化为最简阶梯形矩阵，从而求得(11－2)式的解。

2. 线性方程组解的判定

(1) 非齐次线性方程组(11－1)式有解的充分必要条件是：方程组的系数矩阵 $\mathbf{A}$ 的秩与增广矩阵 $\widetilde{\mathbf{A}}$ 的秩相等，即

$$R(\mathbf{A})=R(\widetilde{\mathbf{A}})=r$$

(2) 设非齐次线性方程组(11－1)式满足：$R(\mathbf{A})=R(\widetilde{\mathbf{A}})=r$，

若 $r=n$，则非齐次线性方程组(11－1)式有唯一解。

若 $r<n$，则非齐次线性方程组(11－1)式有无穷多解。

(3) 设齐次线性方程组(11－2)的系数矩阵式 $\boldsymbol{A}$ 的秩 $R(\boldsymbol{A})=r$，

若 $r=n$，则齐次线性方程组(11－2)式有唯一的零解。

若 $r<n$，则齐次线性方程组(11－2)式有无穷多解。

3. 应用矩阵初等行变换求方阵 A 的逆阵

应用矩阵初等行变换求方阵 $\boldsymbol{A}$ 的逆阵的步骤如下：

(1) 由方阵 $\boldsymbol{A}$ 作矩阵 $(\boldsymbol{A}\vdots\boldsymbol{E})$。

(2) 对矩阵 $(\boldsymbol{A}\vdots\boldsymbol{E})$ 施行初等行变换，将 $(\boldsymbol{A}\vdots\boldsymbol{E})$ 化为 $(\boldsymbol{E}\vdots\boldsymbol{C})$。

(3) $(\boldsymbol{E}\vdots\boldsymbol{C})$ 中，矩阵 $\boldsymbol{C}$ 即为 $\boldsymbol{A}$ 的逆阵。

***4. 线性方程组解的结构**

(1) 齐次线性方程组解的结构。设齐次线性方程组 $\boldsymbol{AX}=\boldsymbol{0}$ 满足 $R(\boldsymbol{A})=r<n$，则 $\boldsymbol{AX}=\boldsymbol{0}$ 的通解为

$$\boldsymbol{X}=c_1\boldsymbol{\alpha}_1+c_2\boldsymbol{\alpha}_2+\cdots+c_{n-r}\boldsymbol{\alpha}_{n-r}$$

其中，n 为未知量的个数，$\boldsymbol{\alpha}_1,\boldsymbol{\alpha}_2,\cdots,\boldsymbol{\alpha}_{n-r}$，是 $\boldsymbol{AX}=\boldsymbol{0}$ 的一个基础解系，$c_1,c_2,\cdots,c_{n-r}$ 取任意实数。

(2) 非齐次线性方程组解的结构。设非齐次线性方程组 $\boldsymbol{AX}=\boldsymbol{B}$ 满足 $R(\boldsymbol{A})=R(\widetilde{\boldsymbol{A}})=r<n$，则 $\boldsymbol{AX}=\boldsymbol{B}$ 的通解为

$$\boldsymbol{X}=c_1\boldsymbol{\alpha}_1+c_2\boldsymbol{\alpha}_2+\cdots+c_{n-r}\boldsymbol{\alpha}_{n-r}+\boldsymbol{\beta}$$

其中，n 为未知量的个数，$\boldsymbol{\alpha}_1,\boldsymbol{\alpha}_2,\cdots,\boldsymbol{\alpha}_{n-r}$ 是对应的齐次线性方程组 $\boldsymbol{AX}=\boldsymbol{0}$ 的一个基础解系，$\boldsymbol{\beta}$ 是非齐次线性方程组 $\boldsymbol{AX}=\boldsymbol{B}$ 的一个特解，$\widetilde{\boldsymbol{A}}$ 为 $\boldsymbol{AX}=\boldsymbol{B}$ 的增广矩阵，$c_1,c_2,\cdots,c_{n-r}$ 取任意实数。

第二节　例 题 分 析

【例 1】 求解线性方程组

$$\begin{cases} x_1-x_2-x_3+x_4=0 \\ x_1-x_2+x_3-3x_4=1 \\ 2x_1-2x_2-4x_3+6x_4=-1 \end{cases}。$$

分析 对增广矩阵 $\widetilde{\boldsymbol{A}}$ 施行初等行变换，化为行最简阶梯形矩阵，然后求出解。

解 对增广矩阵 $\widetilde{\mathbf{A}}$ 施行初等行变换

$$\widetilde{\mathbf{A}}=\begin{pmatrix}1&-1&-1&1&0\\1&-1&1&-3&1\\2&-2&-4&6&-1\end{pmatrix}\xrightarrow[(-2)r_1+r_3]{(-1)r_1+r_2}\begin{pmatrix}1&-1&-1&1&0\\0&0&2&-4&1\\0&0&-2&4&-1\end{pmatrix}$$

$$\xrightarrow[\frac{1}{2}r_2+r_1]{r_2+r_3}\begin{pmatrix}1&-1&0&-1&\frac{1}{2}\\0&0&2&-4&1\\0&0&0&0&0\end{pmatrix}\xrightarrow{\frac{1}{2}r_2}\begin{pmatrix}1&-1&0&-1&\frac{1}{2}\\0&0&1&-2&\frac{1}{2}\\0&0&0&0&0\end{pmatrix}$$

$R(\widetilde{\mathbf{A}})=R(\mathbf{A})=2<4$，所以线性方程组有无穷多解。

所以线性方程组的解为

$$\begin{cases}x_1=c_1+c_2+\frac{1}{2}\\x_2=c_1\\x_3=2c_2+\frac{1}{2}\\x_4=c_2\end{cases}\quad(c_1, c_2\text{ 是任意实数})$$

【例 2】 求解线性方程组

$$\begin{cases}x_1+x_2+3x_3+2x_4=0\\x_1-x_2-2x_3-3x_4=0\\2x_1+x_3-x_4=0\\3x_1-x_2-x_3-4x_4=0\end{cases}。$$

解 对系数矩阵 $\mathbf{A}$ 施行初等行变换

$$A=\begin{pmatrix}1&1&3&2\\1&-1&-2&-3\\2&0&1&-1\\3&-1&-1&-4\end{pmatrix}\xrightarrow[(-3)r_1+r_4]{\substack{(-1)r_1+r_2\\(-2)r_1+r_3}}\begin{pmatrix}1&1&3&2\\0&-2&-5&-5\\0&-2&-5&-5\\0&-4&-10&-10\end{pmatrix}$$

$$\xrightarrow[(-2)r_2+r_4]{(-1)r_2+r_3}\begin{pmatrix}1&1&3&2\\0&-2&-5&-5\\0&0&0&0\\0&0&0&0\end{pmatrix}\xrightarrow{-\frac{1}{2}r_2}\begin{pmatrix}1&1&3&2\\0&1&\frac{5}{2}&\frac{5}{2}\\0&0&0&0\\0&0&0&0\end{pmatrix}$$

$$\xrightarrow{(-1)r_2+r_1}\begin{pmatrix}1 & 0 & \frac{1}{2} & -\frac{1}{2}\\ 0 & 1 & \frac{5}{2} & \frac{5}{2}\\ 0 & 0 & 0 & 0\\ 0 & 0 & 0 & 0\end{pmatrix}。$$

所以线性方程组的解为

$$\begin{cases}x_1=-\frac{1}{2}c_1+\frac{1}{2}c_2\\ x_2=-\frac{5}{2}c_1-\frac{5}{2}c_2\\ x_3=c_1\\ x_4=c_2。\end{cases}\quad (c_1,\ c_2 \text{ 取任意实数})$$

【例 3】 λ 取何值时,线性方程组:

$$\begin{cases}\lambda x_1+x_2+x_3=1\\ x_1+\lambda x_2+x_3=\lambda\\ x_1+x_2+\lambda x_3=\lambda^2\end{cases}$$

(1) 无解。(2) 有唯一解。(3) 有无穷多解?

分析 应用非齐次线性方程组解的判定的结论来讨论。

解法一 对增广矩阵 $\widetilde{\boldsymbol{A}}$ 施行初等行变换

$$\widetilde{\boldsymbol{A}}=\begin{pmatrix}\lambda & 1 & 1 & 1\\ 1 & \lambda & 1 & \lambda\\ 1 & 1 & \lambda & \lambda^2\end{pmatrix}\xrightarrow{r_1\leftrightarrow r_3}\begin{pmatrix}1 & 1 & \lambda & \lambda^2\\ 1 & \lambda & 1 & \lambda\\ \lambda & 1 & 1 & 1\end{pmatrix}$$

$$\xrightarrow[(-\lambda)r_1+r_3]{(-1)r_1+r_2}\begin{pmatrix}1 & 1 & \lambda & \lambda^2\\ 0 & \lambda-1 & 1-\lambda & \lambda-\lambda^2\\ 0 & 1-\lambda & 1-\lambda^2 & 1-\lambda^3\end{pmatrix}$$

$$\xrightarrow{r_2+r_3}\begin{pmatrix}1 & 1 & \lambda & \lambda^2\\ 0 & \lambda-1 & 1-\lambda & 1-\lambda^2\\ 0 & 0 & (\lambda+2)(1-\lambda) & (1-\lambda)(\lambda+1)^2\end{pmatrix}$$

故(1) 当 $\lambda=-2$ 时,$R(\widetilde{\mathbf{A}})=3$, $R(\mathbf{A})=2$,方程组无解。

(2)当 $\lambda\neq 1$ 且 $\lambda\neq -2$ 时,$R(\widetilde{\mathbf{A}})=R(\mathbf{A})=3$,方程组有唯一解。

(3)当 $\lambda=1$ 时,$R(\widetilde{\mathbf{A}})=R(\mathbf{A})=1$,方程组有无穷多解。

解法二

因为 $$\det\mathbf{A}=\begin{vmatrix}\lambda & 1 & 1\\ 1 & \lambda & 1\\ 1 & 1 & \lambda\end{vmatrix}=(\lambda-1)^2(\lambda+2)$$

由克莱姆法则知,当 $\lambda\neq 1$ 且 $\lambda\neq -2$ 时,$\det\mathbf{A}\neq 0$,线性方程组有唯一解;当 $\lambda=1$ 时,方程组的增广矩阵为

$$\widetilde{\mathbf{A}}=\begin{pmatrix}1&1&1&1\\1&1&1&1\\1&1&1&1\end{pmatrix}\xrightarrow[(-1)r_1+r_3]{(-1)r_1+r_2}\begin{pmatrix}1&1&1&1\\0&0&0&0\\0&0&0&0\end{pmatrix}$$

于是,$R(\widetilde{\mathbf{A}})=R(\mathbf{A})=1$,故线性方程组有无穷多解。

当 $\lambda=-2$ 时,方程组的增广矩阵为

$$\widetilde{\mathbf{A}}=\begin{pmatrix}-2&1&1&1\\1&-2&1&-2\\1&1&-2&4\end{pmatrix}\xrightarrow{r_1\leftrightarrow r_3}\begin{pmatrix}1&1&-2&4\\1&-2&1&-2\\-2&1&1&1\end{pmatrix}$$

$$\xrightarrow[2r_1+r_3]{(-1)r_1+r_2}\begin{pmatrix}1&1&-2&4\\0&-3&3&-6\\0&3&-3&9\end{pmatrix}\xrightarrow{r_2+r_3}\begin{pmatrix}1&1&-2&4\\0&-3&3&-6\\0&0&0&3\end{pmatrix}$$

由于 $R(\widetilde{\mathbf{A}})=3$, $R(\widetilde{\mathbf{A}})=2$,因此方程组无解。

【例 4】 判定线性方程组

$$\begin{cases}2x_1+2x_2-3x_3-4x_4-7x_5=0\\ x_1+x_2-x_3+2x_4+3x_5=0\\ -x_1-x_2+2x_3-x_4+3x_5=0\end{cases}$$

是否有非零解?如有非零解,求线性方程组的解。

解 对系数矩阵 A 施行初等行变换

$$A=\begin{pmatrix}2&2&-3&-4&-7\\1&1&-1&2&3\\-1&-1&2&-1&3\end{pmatrix}$$

$$\xrightarrow{r_1 \leftrightarrow r_2} \begin{pmatrix} 1 & 1 & -1 & 2 & 3 \\ 2 & 2 & -3 & -4 & -7 \\ -1 & -1 & 2 & -1 & 3 \end{pmatrix}$$

$$\xrightarrow[r_1+r_3]{(-2)r_1+r_2} \begin{pmatrix} 1 & 1 & -1 & 2 & 3 \\ 0 & 0 & -1 & -8 & -13 \\ 0 & 0 & 1 & 1 & 6 \end{pmatrix}$$

$$\xrightarrow[(-1)r_2+r_1]{r_2+r_3} \begin{pmatrix} 1 & 1 & 0 & 10 & 16 \\ 0 & 0 & -1 & -8 & -13 \\ 0 & 0 & 0 & -7 & -7 \end{pmatrix}$$（此时，已经可判定方程组有非零解，下面将 A 化为行最简阶梯形矩阵）

$$\xrightarrow[\left(-\frac{1}{7}\right)r_3]{(-1)r_2} \begin{pmatrix} 1 & 1 & 0 & 10 & 16 \\ 0 & 0 & 1 & 8 & 13 \\ 0 & 0 & 0 & 1 & 1 \end{pmatrix}$$

$$\xrightarrow[(-8)r_3+r_2]{(-10)r_3+r_1} \begin{pmatrix} 1 & 1 & 0 & 0 & 6 \\ 0 & 0 & 1 & 0 & 5 \\ 0 & 0 & 0 & 1 & 1 \end{pmatrix}$$

由于 $R(\boldsymbol{A}) = 3 < n = 5$，所以，线性方程组有非零解。

解为

$$\begin{cases} x_1 = -c_1 - 6c_2 \\ x_2 = c_1 \\ x_3 = -5c_2 \\ x_4 = -c_2 \\ x_5 = c_2 \end{cases}$$（其中 c_1，c_2 为任意实数）

【例 5】 设矩阵 $\boldsymbol{A} = \begin{pmatrix} 1 & 0 & 1 \\ 2 & 1 & 0 \\ -3 & 2 & -5 \end{pmatrix}$，应用矩阵初等行变换，求 $\boldsymbol{A}$ 的逆阵。

分析 只要对矩阵($\boldsymbol{AE}$)进行初等行变换，化为行最简阶梯形矩阵($\boldsymbol{EC}$)，则 $\boldsymbol{A}^{-1} = \boldsymbol{C}$。

解 作矩阵 ($\boldsymbol{A} \vdots \boldsymbol{E}$)，并施行矩阵初等行变换：

$$(\boldsymbol{A} \vdots \boldsymbol{E}) = \begin{pmatrix} 1 & 0 & 1 & \vdots & 1 & 0 & 0 \\ 2 & 1 & 0 & \vdots & 0 & 1 & 0 \\ -3 & 2 & -5 & \vdots & 0 & 0 & 1 \end{pmatrix}$$

$$\xrightarrow[3r_1+r_3]{(-2)r_1+r_2} \begin{pmatrix} 1 & 0 & 1 & \vdots & 1 & 0 & 0 \\ 0 & 1 & -2 & \vdots & -2 & 1 & 0 \\ 0 & 2 & -2 & \vdots & 3 & 0 & 1 \end{pmatrix}$$

$$\xrightarrow{(-2)r_2+r_3} \begin{pmatrix} 1 & 0 & 1 & \vdots & 1 & 0 & 0 \\ 0 & 1 & -2 & \vdots & -2 & 1 & 0 \\ 0 & 0 & 2 & \vdots & 7 & 2 & 1 \end{pmatrix}$$

$$\xrightarrow{\frac{1}{2}r_3} \begin{pmatrix} 1 & 0 & 1 & \vdots & 1 & 0 & 0 \\ 0 & 1 & -2 & \vdots & -2 & 1 & 0 \\ 0 & 0 & 1 & \vdots & \frac{7}{2} & -1 & \frac{1}{2} \end{pmatrix}$$

$$\xrightarrow[2r_3+r_2]{(-1)r_3+r_1} \begin{pmatrix} 1 & 0 & 0 & \vdots & -\frac{5}{2} & 1 & -\frac{1}{2} \\ 0 & 1 & 0 & \vdots & 5 & -1 & 1 \\ 0 & 0 & 1 & \vdots & \frac{7}{2} & -1 & \frac{1}{2} \end{pmatrix}$$

所以 $\boldsymbol{A}$ 的逆阵为

$$\boldsymbol{A}^{-1} = \begin{pmatrix} -\frac{5}{2} & 1 & -\frac{1}{2} \\ 5 & -1 & 1 \\ \frac{7}{2} & -1 & \frac{1}{2} \end{pmatrix}$$

*【例 6】 求齐次线性方程组

$$\begin{cases} x_1 - 2x_2 + 4x_3 - 7x_4 = 0 \\ 2x_1 + x_2 - 2x_3 + x_4 = 0 \\ 3x_1 - x_2 + 2x_3 - 6x_4 = 0 \end{cases}$$

的一个基础解系。

解 对系数矩阵 $\boldsymbol{A}$ 施行初等行变换：

$$\boldsymbol{A}=\begin{pmatrix}1&-2&4&-7\\2&1&-2&1\\3&-1&2&-6\end{pmatrix}\xrightarrow[(-3)r_1+r_3]{(-2)r_1+r_2}\begin{pmatrix}1&-2&4&-7\\0&5&-10&15\\0&5&-10&15\end{pmatrix}$$

$$\xrightarrow{\frac{1}{5}r_2}\begin{pmatrix}1&-2&4&-7\\0&1&-2&3\\0&5&-10&15\end{pmatrix}$$

$$\xrightarrow[(-5)r_2+r_3]{2r_2+r_1}\begin{pmatrix}1&0&0&-1\\0&1&-2&3\\0&0&0&0\end{pmatrix}$$

$R(\boldsymbol{A})=2<4$，有基础解系，线性方程组的解为

$$\begin{cases}x_1= & c_2\\x_2=2c_1-3c_2\\x_3=c_1\\x_4= & c_2\end{cases}\quad(c_1,\ c_2\text{ 取任意实数})$$

于是得线性方程组的一个基础解系为

$$\boldsymbol{\alpha}_1=\begin{pmatrix}0\\2\\1\\0\end{pmatrix},\ \boldsymbol{\alpha}_2=\begin{pmatrix}1\\-3\\0\\1\end{pmatrix}$$

*【例 7】 求解线性方程组

$$\begin{cases}x_1+8x_2-7x_3=12\\x_1+9x_2-5x_3=16\\x_1+10x_2-3x_3=20\\x_1+11x_2-x_3=24\end{cases}$$

的通解。

解 对增广矩阵 $\widetilde{\boldsymbol{A}}$ 施行初等行变换：

$$\widetilde{\boldsymbol{A}}=\begin{pmatrix}1&8&-7&12\\1&9&-5&16\\1&10&-3&20\\1&17&-1&24\end{pmatrix}\xrightarrow[(-1)r_1+r_4]{\substack{(-1)r_1+r_2\\(-1)r_1+r_3}}\begin{pmatrix}1&8&-7&12\\0&1&2&4\\0&2&4&8\\0&3&6&12\end{pmatrix}$$

$$\xrightarrow[(-3)r_2+r_4]{\substack{(-8)r_2+r_1\\(-2)r_2+r_3}}\begin{pmatrix}1&0&-23&-20\\0&1&2&4\\0&0&0&0\\0&0&0&0\end{pmatrix}$$

该线性方程组的解为

$$\begin{cases}x_1=23c-20\\x_2=-2c+4\\x_3=c\end{cases}\text{（}c\text{ 取任意实数）}$$

即通解为

$$\boldsymbol{X}=c\begin{pmatrix}23\\-2\\1\end{pmatrix}+\begin{pmatrix}-20\\4\\0\end{pmatrix}$$

第三节　习题选解

习　题　11-1

1. 已知线性方程组 $\boldsymbol{AX}=\boldsymbol{B}$ 的增广矩阵 $\widetilde{\boldsymbol{A}}$ 及 $\boldsymbol{X}$ 如下，试写出对应的线性方程组。

(1) $\widetilde{\boldsymbol{A}}=\begin{pmatrix}-1&2&3&4&1\\6&7&-4&1&1\\3&2&0&1&-4\end{pmatrix}$，$\boldsymbol{X}=(x_1,x_2,x_3,x_4)^T$

解 $\begin{cases}-x_1+2x_2+3x_3+4x_4=1\\6x_1+7x_2-4x_3+x_4=1\\3x_1+2x_2+x_4=-4\end{cases}$

2. 已知线性方程组 $\boldsymbol{AX}=\boldsymbol{0}$ 的系数矩阵 $\boldsymbol{A}$ 及 $\boldsymbol{X}$ 如下，试写出对应的线性方程组。

(1) $\boldsymbol{A}=\begin{pmatrix}2&4&5&6&7\\4&0&7&-1&4\\3&1&-4&3&1\end{pmatrix}$, $\boldsymbol{X}=(x_1, x_2, x_3, x_4, x_5)^T$

解 $\begin{cases}2x_1+4x_2+5x_3+6x_4+7x_5=0\\4x_1+7x_3-x_4+4x_5=0\\3x_1+x_2-4x_3+3x_4+x_5=0\end{cases}$

3. 已知线性方程组 $\boldsymbol{AX}=\boldsymbol{B}$ 的增广矩阵 $\widetilde{\boldsymbol{A}}$ 通过若干初等行变换化为如下行最简阶梯形矩阵,试写出方程组的解。

(1) $\begin{pmatrix}1&4&0&7&0&2\\0&0&1&-6&0&3\\0&0&0&0&1&-3\end{pmatrix}$, $\boldsymbol{X}=(x_1, x_2, x_3, x_4, x_5)^T$

解 我们在行最简阶梯形矩阵上方,将非零行的首非零元 1 对应的未知量表出,其余的未知量取任意实数,得

$$\begin{matrix}x_1&c_1&x_3&c_2&x_5&\\\end{matrix}$$
$$\begin{pmatrix}1&4&0&7&0&2\\0&0&1&-6&0&3\\0&0&0&0&1&-3\end{pmatrix}$$

于是线性方程组的解为

$$\begin{cases}x_1=-4c_1-7c_2+2\\x_2=\quad c_1\\x_3=\quad 6c_2+3\\x_4=\quad c_2\\x_5=\quad -3\end{cases}(c_1, c_2 \text{ 取任意实数})$$

4. 已知线性方程组 $\boldsymbol{AX}=\boldsymbol{0}$ 的系数矩阵 $\boldsymbol{A}$ 通过若干初等行变换化为如下行最简阶梯形,试写出方程组的解。

(3) $\begin{pmatrix}1&2&0&4&0\\0&0&1&7&0\\0&0&0&0&1\\0&0&0&0&0\end{pmatrix}$, $\boldsymbol{X}=(x_1, x_2, x_3, x_4, x_5)^T$

解 在行最简阶梯形矩阵上方，将非零行的首非零元 1 对应的未知量表出，其余的未知量取任意实数，得

$$\begin{matrix} x_1 & c_1 & x_3 & c_2 & x_5 \end{matrix}$$
$$\begin{pmatrix} 1 & 2 & 0 & 4 & 0 \\ 0 & 0 & 1 & 7 & 0 \\ 0 & 0 & 0 & 0 & 1 \\ 0 & 0 & 0 & 0 & 0 \end{pmatrix}$$

于是线性方程组的解为

$$\begin{cases} x_1 = -2c_1 - 4c_2 \\ x_2 = \quad c_1 \\ x_3 = \quad -7c_2 \\ x_4 = \quad c_2 \\ x_5 = 0 \end{cases} (c_1,\ c_2 \text{ 取任意实数})$$

5. 求解线性方程组。

(3) $\begin{cases} 2x_1 + x_2 - x_3 + x_4 = 1 \\ 4x_1 + 2x_2 - 2x_3 + x_4 = 2 \\ 2x_1 + x_2 - x_3 - x_4 = 1 \end{cases}$

(5) $\begin{cases} x_1 + x_2 + 2x_3 - x_4 = 0 \\ 2x_1 + x_2 + x_3 - x_4 = 0 \\ 2x_1 + 2x_2 + x_3 + 2x_4 = 0 \end{cases}$

(6) $\begin{cases} 2x_1 + 3x_2 - x_3 + 5x_4 = 0 \\ 3x_1 + x_2 + 2x_3 - 7x_4 = 0 \\ 4x_1 + x_2 - 3x_3 + 6x_4 = 0 \\ x_1 - 2x_2 + 4x_3 - 7x_4 = 0 \end{cases}$

解 (3) 对增广矩阵 $\widetilde{\mathbf{A}}$ 施行初等行变换，将 $\widetilde{\mathbf{A}}$ 化为最简阶梯形矩阵：

$$\widetilde{\mathbf{A}} = \begin{pmatrix} 2 & 1 & -1 & 1 & 1 \\ 4 & 2 & -2 & 1 & 2 \\ 2 & 1 & -1 & -1 & 1 \end{pmatrix} \xrightarrow[(-1)r_1 + r_3]{(-2)r_1 + r_2} \begin{pmatrix} 2 & 1 & -1 & 1 & 1 \\ 0 & 0 & 0 & -1 & 0 \\ 0 & 0 & 0 & -2 & 0 \end{pmatrix}$$

$$\xrightarrow[(-2)r_2+r_3]{r_2+r_1}\begin{pmatrix}2&1&-1&0&1\\0&0&0&-1&0\\0&0&0&0&0\end{pmatrix}\xrightarrow[(-1)r_2]{\left(\frac{1}{2}\right)r_1}\begin{pmatrix}1&\frac{1}{2}&-\frac{1}{2}&0&\frac{1}{2}\\0&0&0&1&0\\0&0&0&0&0\end{pmatrix}$$

于是线性方程组的解为

$$\begin{cases}x_1=-\frac{1}{2}c_1+\frac{1}{2}c_2+\frac{1}{2}\\x_2=c_1\\x_3=c_2\\x_4=0\end{cases}\quad(c_1,c_2\text{ 取任意实数})$$

(5) 对系数矩阵 $\boldsymbol{A}$ 施行初等行变换,将 $\boldsymbol{A}$ 化为最简阶梯形矩阵:

$$\boldsymbol{A}=\begin{pmatrix}1&1&2&-1\\2&1&1&-1\\2&2&1&2\end{pmatrix}\xrightarrow[(-2)r_1+r_3]{(-2)r_1+r_2}\begin{pmatrix}1&1&2&-1\\0&-1&-3&1\\0&0&-3&4\end{pmatrix}$$

$$\xrightarrow{(-1)r_3+r_2}\begin{pmatrix}1&1&2&-1\\0&-1&0&-3\\0&0&-3&4\end{pmatrix}\xrightarrow[\left(-\frac{1}{3}\right)r_3]{(-1)r_2}\begin{pmatrix}1&1&2&-1\\0&1&0&3\\0&0&1&-\frac{4}{3}\end{pmatrix}$$

$$\xrightarrow{(-1)r_2+r_1}\begin{pmatrix}1&0&2&-4\\0&1&0&3\\0&0&1&-\frac{4}{3}\end{pmatrix}\xrightarrow{(-2)r_3+r_1}\begin{pmatrix}1&1&0&-\frac{4}{3}\\0&1&0&3\\0&0&1&-\frac{4}{3}\end{pmatrix}$$

于是线性方程组的解为

$$\begin{cases}x_1=\frac{4}{3}c\\x_2=-3c\\x_3=\frac{4}{3}c\\x_4=c\end{cases}\text{ 或}\begin{cases}x_1=4c\\x_2=-9c\\x_3=4c\\x_4=3c\end{cases}(c_1,c_2\text{ 取任意实数})$$

(6) 对系数矩阵 $\boldsymbol{A}$ 施行初等行变换，将 $\boldsymbol{A}$ 化为最简阶梯形矩阵：

$$\boldsymbol{A}=\begin{pmatrix}2&3&-1&5\\3&1&2&-7\\4&1&-3&6\\1&-2&4&-7\end{pmatrix}\xrightarrow{r_1\leftrightarrow r_4}\begin{pmatrix}1&-2&4&-7\\3&1&2&-7\\4&1&-3&6\\2&3&-1&5\end{pmatrix}$$

$$\xrightarrow[(-2)r_1+r_4]{\substack{(-3)r_1+r_2\\(-4)r_1+r_3}}\begin{pmatrix}1&-2&4&-7\\0&7&-10&14\\0&9&-19&34\\0&7&-9&19\end{pmatrix}\xrightarrow[(-1)r_2+r_4]{(-1)r_2+r_3}\begin{pmatrix}1&-2&4&-7\\0&7&-10&14\\0&2&-9&20\\0&0&1&5\end{pmatrix}$$

$$\xrightarrow[\frac{1}{7}r_2]{r_3+r_1}\begin{pmatrix}1&0&-5&13\\0&1&-\frac{10}{7}&2\\0&2&-9&20\\0&0&1&5\end{pmatrix}\xrightarrow[9r_4+r_3]{\substack{5r_4+r_1\\\frac{10}{7}r_4+r_2}}\begin{pmatrix}1&0&0&38\\0&1&0&\frac{64}{7}\\0&2&0&65\\0&0&1&5\end{pmatrix}$$

$$\xrightarrow{(-2)r_2+r_3}\begin{pmatrix}1&0&0&38\\0&1&0&\frac{64}{7}\\0&0&0&\frac{327}{7}\\0&0&1&5\end{pmatrix}\xrightarrow[r_3\leftrightarrow r_4]{\frac{7}{327}r_3}\begin{pmatrix}1&0&0&38\\0&1&0&\frac{64}{7}\\0&0&1&5\\0&0&0&1\end{pmatrix}$$

$$\xrightarrow[(-5)r_4+r_3]{\substack{(-38)r_4+r_1\\\left(-\frac{64}{7}\right)r_4+r_2}}\begin{pmatrix}1&0&0&0\\0&1&0&0\\0&0&1&0\\0&0&0&1\end{pmatrix}$$

所以，线性方程组只有零解。

习 题 11-2

1. 线性方程组的增广矩阵 $\widetilde{\boldsymbol{A}}$ 通过初等行变换后，化为如下阶梯形矩阵，试问线性方程组是否有解？

$$(3)\begin{pmatrix}1 & -2 & 0 & -4 & 1\\0 & 0 & -1 & 1 & -2\\0 & 0 & 0 & 0 & 3\\0 & 0 & 0 & 0 & 0\end{pmatrix}$$

解 因为 $R(\boldsymbol{A})=2\neq R(\widetilde{\boldsymbol{A}})=3$，所以线性方程组无解。

2. 齐次线性方程组的系数矩阵 $\boldsymbol{A}$ 通过初等行变换后，化为如下行阶梯形矩阵，试问齐次线性方程组是否有非零解？

$$(3)\begin{pmatrix}2 & 4 & 1 & 3\\0 & 0 & 1 & -1\\0 & 0 & 0 & 0\end{pmatrix} \qquad (4)\begin{pmatrix}1 & 4 & -1\\0 & 2 & 3\\0 & 0 & 1\\0 & 0 & 0\end{pmatrix}$$

解 (3) 因为 $R(\boldsymbol{A})=2<n=4$，所以齐次线性方程组有非零解。

(4) 因为 $R(\boldsymbol{A})=3=n$，所以齐次线性方程组没有非零解。

4. λ 为何值时，线性方程组：

$$\begin{cases}x_1+x_2+x_3=\lambda\\ \lambda x_1+x_2+x_3=1\\ x_1+x_2+\lambda x_3=1\end{cases}$$

有解？并在有解时求其解。

解 将增广矩阵 $\widetilde{\boldsymbol{A}}$ 施行初等行变换化为阶梯形矩阵：

$$\widetilde{\boldsymbol{A}}=\begin{pmatrix}1 & 1 & 1 & \lambda\\ \lambda & 1 & 1 & 1\\1 & 1 & \lambda & 1\end{pmatrix}\xrightarrow[(-1)r_1+r_3]{(-\lambda)r_1+r_2}\begin{pmatrix}1 & 1 & 1 & \lambda\\0 & 1-\lambda & 1-\lambda & 1-\lambda^2\\0 & 0 & \lambda-1 & 1-\lambda\end{pmatrix}$$

讨论：(1) 当 $\lambda=1$ 时

$$\widetilde{\boldsymbol{A}}\to\begin{pmatrix}1 & 1 & 1 & 1\\0 & 0 & 0 & 0\\0 & 0 & 0 & 0\end{pmatrix},\ R(\boldsymbol{A})=R(\widetilde{\boldsymbol{A}})=1<n=3，方程组有无穷多个解。$$

解为

$$\begin{cases}x_1=-c_1-c_2+1\\ x_2=c_1\\ x_3=c_2\end{cases}\quad (c_1,\ c_2\ 取任意实数)$$

(2) 当 $\lambda \neq 1$ 时

$$\widetilde{\boldsymbol{A}} \xrightarrow[\left(\frac{1}{\lambda-1}\right)\times r_3]{\left(\frac{1}{1-\lambda}\right)\times r_2} \begin{pmatrix} 1 & 1 & 1 & \lambda \\ 0 & 1 & 1 & 1+\lambda \\ 0 & 0 & 1 & -1 \end{pmatrix} \xrightarrow[(-1)r_3+r_2]{(-1)r_2+r_1} \begin{pmatrix} 1 & 0 & 0 & -1 \\ 0 & 1 & 0 & 2+\lambda \\ 0 & 0 & 1 & -1 \end{pmatrix}$$

$R(\boldsymbol{A}) = R(\widetilde{\boldsymbol{A}}) = 3 = n$，方程组有唯一解，其解为

$$\begin{cases} x_1 = -1 \\ x_2 = \lambda + 2 \\ x_3 = -1 \end{cases}$$

5. 判别下列齐次线性方程组是否有非零解。

(3) $\begin{cases} x_1 + 3x_2 - 4x_3 + 2x_4 = 0 \\ 3x_1 - x_2 + 2x_3 - x_4 = 0 \\ -2x_1 + 4x_2 - x_3 + 3x_4 = 0 \\ 3x_1 + 9x_2 - 7x_3 + 6x_4 = 0 \end{cases}$

解 对系数矩阵 $\boldsymbol{A}$ 施行初等行变换：

$$\boldsymbol{A} = \begin{pmatrix} 1 & 3 & -4 & 2 \\ 3 & -1 & 2 & -1 \\ -2 & 4 & -1 & 3 \\ 3 & 9 & -7 & 6 \end{pmatrix} \xrightarrow[(-3)r_1+r_4]{\substack{(-3)r_1+r_2 \\ 2r_1+r_3}} \begin{pmatrix} 1 & 3 & -4 & 2 \\ 0 & -10 & 14 & -7 \\ 0 & 10 & -9 & 7 \\ 0 & 0 & 5 & 0 \end{pmatrix}$$

$$\xrightarrow{r_2+r_3} \begin{pmatrix} 1 & 3 & -4 & 2 \\ 0 & -10 & 14 & -7 \\ 0 & 0 & 5 & 0 \\ 0 & 0 & 5 & 0 \end{pmatrix} \xrightarrow{(-1)r_3+r_4} \begin{pmatrix} 1 & 3 & -4 & 2 \\ 0 & -10 & 14 & -7 \\ 0 & 0 & 5 & 0 \\ 0 & 0 & 0 & 0 \end{pmatrix},$$

所以 $R(\boldsymbol{A}) = 3 < n = 4$，于是齐次线性方程有非零解。

6. λ 取何值时，齐次线性方程组

$$\begin{cases} x_1 + x_2 + \lambda x_3 = 0 \\ x_1 + \lambda x_2 + x_3 = 0 \\ \lambda x_1 + x_2 + x_3 = 0 \end{cases}$$

只有零解？

解法一 系数行列式

$$D=\begin{vmatrix}1 & 1 & \lambda\\ 1 & \lambda & 1\\ \lambda & 1 & 1\end{vmatrix}=(\lambda-1)^2(\lambda+2)$$

由克莱姆法则，如果 $D\neq 0$，即 $\lambda\neq 1$ 且 $\lambda\neq -2$ 时齐次线性方程组只有零解。

解法二 对系数矩阵 $\boldsymbol{A}$ 施行初等行变换

$$\boldsymbol{A}=\begin{pmatrix}1 & 1 & \lambda\\ 1 & \lambda & 1\\ \lambda & 1 & 1\end{pmatrix}\xrightarrow[(-\lambda)r_1+r_3]{(-1)r_1+r_2}\begin{pmatrix}1 & 1 & \lambda\\ 0 & \lambda-1 & 1-\lambda\\ 0 & 1-\lambda & 1-\lambda^2\end{pmatrix}$$

$$\xrightarrow{r_2+r_3}\begin{pmatrix}1 & 1 & \lambda\\ 0 & \lambda-1 & 1-\lambda\\ 0 & 0 & 2-\lambda-\lambda^2\end{pmatrix}$$

$$2-\lambda-\lambda^2=(1-\lambda)(\lambda+2)$$

所以当 $\lambda\neq 1$ 且 $\lambda\neq -2$ 时，$R(\boldsymbol{A})=3$，此时齐次线性方程组只有零解。

*7. 求下列齐次线性方程组的一个基础解系及通解。

$$(1)\begin{cases}3x_1+7x_2+8x_3=0\\ x_1+2x_2+5x_3=0\\ x_1+3x_2-2x_3=0\\ x_1+4x_2-9x_3=0\end{cases}$$

解 对系数矩阵 $\boldsymbol{A}$ 进行初等行变换：

$$\boldsymbol{A}=\begin{pmatrix}3 & 7 & 8\\ 1 & 2 & 5\\ 1 & 3 & -2\\ 1 & 4 & -9\end{pmatrix}\xrightarrow{r_1\leftrightarrow r_2}\begin{pmatrix}1 & 2 & 5\\ 3 & 7 & 8\\ 1 & 3 & -2\\ 1 & 4 & -9\end{pmatrix}$$

$$\xrightarrow[(-1)r_1+r_4]{\substack{(-3)r_1+r_2\\ (-1)r_1+r_3}}\begin{pmatrix}1 & 2 & 5\\ 0 & 1 & -7\\ 0 & 1 & -7\\ 0 & 2 & -14\end{pmatrix}\xrightarrow[(-2)r_2+r_4]{\substack{(-2)r_2+r_1\\ (-1)r_2+r_3}}\begin{pmatrix}1 & 0 & 19\\ 0 & 1 & -7\\ 0 & 0 & 0\\ 0 & 0 & 0\end{pmatrix}$$

得解为

$$\begin{cases} x_1 = -19c \\ x_2 = \quad 7c \ (c\text{ 取任意实数}) \\ x_3 = \quad c \end{cases}$$

于是得方程组的一个基础解系为

$$\boldsymbol{\alpha} = \begin{pmatrix} -19 \\ 7 \\ 1 \end{pmatrix}$$

通解为

$$\boldsymbol{X} = c\boldsymbol{\alpha}$$

*8. 求下列非齐次线性方程组的通解。

(4) $\begin{cases} 2x_1 - 3x_2 + 5x_3 + 7x_4 = 1 \\ 4x_1 - 6x_2 + 2x_3 + 3x_4 = 2 \\ 2x_1 - 3x_2 - 11x_3 - 15x_4 = 1 \end{cases}$

解 对增广矩阵 $\widetilde{\boldsymbol{A}}$ 施行初等行变换：

$$\widetilde{\boldsymbol{A}} = \begin{pmatrix} 2 & -3 & 5 & 7 & 1 \\ 4 & -6 & 2 & 3 & 2 \\ 2 & -3 & -11 & -15 & 1 \end{pmatrix}$$

$$\xrightarrow[(-1)r_1 + r_2]{(-2)r_1 + r_2} \begin{pmatrix} 2 & -3 & 5 & 7 & 1 \\ 0 & 0 & -8 & -11 & 0 \\ 0 & 0 & -16 & -22 & 0 \end{pmatrix}$$

$$\xrightarrow{(-2)r_2 + r_3} \begin{pmatrix} 2 & -3 & 5 & 7 & 1 \\ 0 & 0 & -8 & -11 & 0 \\ 0 & 0 & 0 & 0 & 0 \end{pmatrix}$$

$$\xrightarrow[\left(-\frac{1}{8}\right)r_2]{\frac{1}{2}r_1} \begin{pmatrix} 1 & -\frac{3}{2} & \frac{5}{2} & \frac{7}{2} & \frac{1}{2} \\ 0 & 0 & 1 & \frac{11}{8} & 0 \\ 0 & 0 & 0 & 0 & 0 \end{pmatrix}$$

$$\xrightarrow{\left(-\frac{5}{2}\right)r_2+r_1}\begin{pmatrix}1 & -\frac{3}{2} & 0 & \frac{1}{16} & \frac{1}{2}\\ 0 & 0 & 1 & \frac{11}{8} & 0\\ 0 & 0 & 0 & 0 & 0\end{pmatrix}$$

得解

$$\begin{cases}x_1=\frac{3}{2}c_1-\frac{1}{16}c_2+\frac{1}{2}\\ x_2=c_1\\ x_3=-\frac{11}{8}c_2\\ x_4=c_2\end{cases}\quad（c_1，c_2\text{ 取任意实数}）$$

于是通解为

$$\boldsymbol{X}=c_1\boldsymbol{\alpha}_1+c_2\boldsymbol{\alpha}_2+\boldsymbol{\beta}$$

其中

$$\boldsymbol{\alpha}_1=\begin{pmatrix}\frac{3}{2}\\ 1\\ 0\\ 0\end{pmatrix},\ \boldsymbol{\alpha}_2=\begin{pmatrix}-\frac{1}{16}\\ 0\\ -\frac{11}{8}\\ 1\end{pmatrix},\ \boldsymbol{\beta}=\begin{pmatrix}\frac{1}{2}\\ 0\\ 0\\ 0\end{pmatrix}$$

复习题十一

3. 解下列线性方程组。

(3) $\begin{cases}x_1+2x_2+2x_3+x_4=0\\ 2x_1+x_2-2x_3-2x_4=0\\ x_1-x_2-4x_3-3x_4=0\end{cases}$

(4) $\begin{cases}x_1-2x_2+3x_3-x_4=1\\ 3x_1-x_2+5x_3-3x_4=2\\ 2x_1+x_2+2x_3-2x_4=3\end{cases}$

解 (3) 对系数矩阵 $\boldsymbol{A}$ 施行初等行变换：

$$\boldsymbol{A}=\begin{pmatrix}1&2&2&1\\2&1&-2&-2\\1&-1&-4&-3\end{pmatrix}\xrightarrow[(-1)r_1+r_3]{(-2)r_1+r_2}\begin{pmatrix}1&2&2&1\\0&-3&-6&-4\\0&-3&-6&-4\end{pmatrix}$$

$$\xrightarrow{(-1)r_2+r_3}\begin{pmatrix}1&2&2&1\\0&-3&-6&-4\\0&0&0&0\end{pmatrix}$$

$$\xrightarrow{\left(-\frac{1}{3}\right)r_2}\begin{pmatrix}1&2&2&1\\0&1&2&\frac{4}{3}\\0&0&0&0\end{pmatrix}$$

$$\xrightarrow{(-2)r_2+r_1}\begin{pmatrix}1&0&-2&-\frac{5}{3}\\0&1&2&\frac{4}{3}\\0&0&0&0\end{pmatrix}$$

得解为

$$\begin{cases}x_1=\ \ 2c_1+\frac{5}{3}c_2\\x_2=-2c_1-\frac{4}{3}c_2\\c_3=\ \ c_1\\x_4=\ \ c_2\end{cases}(c_1,\ c_2\text{ 取任意实数})$$

(4) 对增广矩阵 $\widetilde{\boldsymbol{A}}$ 施行初等行变换：

$$\widetilde{\boldsymbol{A}}=\begin{pmatrix}1&-2&3&-1&1\\3&-1&5&-3&2\\2&1&2&-2&3\end{pmatrix}\xrightarrow[(-2)r_1+r_3]{(-3)r_1+r_2}\begin{pmatrix}1&-2&3&-1&1\\0&5&-4&0&-1\\0&5&-4&0&1\end{pmatrix}$$

$$\xrightarrow{(-1)r_2+r_3}\begin{pmatrix}1&-2&3&-1&1\\0&5&-4&0&-1\\0&0&0&0&2\end{pmatrix}$$

所以 $R(\mathbf{A})=2$，$R(\widetilde{\mathbf{A}})=3$，于是线性方程组无解。

4. 当 a，b 为何值时，线性方程组

$$\begin{cases} x_1+x_2+x_3+x_4=1 \\ x_2-x_3+2x_4=1 \\ 2x_1+3x_2+(a+2)x_3+4x_4=b+3 \\ 3x_1+5x_2+x_3+(a+8)x_4=5 \end{cases}$$

无解？有唯一解？有无穷多解？在方程组有无穷多解时，求出方程的所有解。

解 $$\widetilde{\mathbf{A}}=\begin{pmatrix} 1 & 1 & 1 & 1 & 1 \\ 0 & 1 & -1 & 2 & 1 \\ 2 & 3 & a+2 & 4 & b+3 \\ 3 & 5 & 1 & a+8 & 5 \end{pmatrix}$$

$$\xrightarrow[(-3)r_1+r_4]{(-2)r_1+r_3}\begin{pmatrix} 1 & 1 & 1 & 1 & 1 \\ 0 & 1 & -1 & 2 & 1 \\ 0 & 1 & a & 2 & b+1 \\ 0 & 2 & -2 & a+5 & 2 \end{pmatrix}$$

$$\xrightarrow[(-2)r_2+r_4]{(-1)r_2+r_3}\begin{pmatrix} 1 & 1 & 1 & 1 & 1 \\ 0 & 1 & -1 & 2 & 1 \\ 0 & 0 & a+1 & 0 & b \\ 0 & 0 & 0 & a+1 & 0 \end{pmatrix}$$

由上列最后一个矩阵可知：

(1) 当 $a=-1$，且 $b\neq 0$ 时，$R(\mathbf{A})=2$，$R(\widetilde{\mathbf{A}})=3$，此时方程组无解。

(2) 当 $a\neq -1$，且 b 为任意实数时，$R(\mathbf{A})=R(\widetilde{\mathbf{A}})=4$，此时方程有唯一解。

(3) 当 $a=-1$，且 $b=0$ 时，$R(\widetilde{\mathbf{A}})=R(\mathbf{A})=2<4$，此时方程组有无穷多解。对最后的阶梯形矩阵继续施以初等行变换，化为最简阶梯形矩阵，得

$$\widetilde{\mathbf{A}}\to\cdots\to\begin{pmatrix} 1 & 1 & 1 & 1 & 1 \\ 0 & 1 & -1 & 2 & 1 \\ 0 & 0 & 0 & 0 & 0 \\ 0 & 0 & 0 & 0 & 0 \end{pmatrix}\xrightarrow{(-1)r_2+r_1}\begin{pmatrix} 1 & 0 & 2 & -1 & 0 \\ 0 & 1 & -1 & 2 & 1 \\ 0 & 0 & 0 & 0 & 0 \\ 0 & 0 & 0 & 0 & 0 \end{pmatrix}$$

解为

$$\begin{cases} x_1 = -2c_1 + c_2 \\ x_2 = \quad c_1 - 2c_2 + 1 \\ x_3 = \quad c_1 \\ x_4 = \qquad c_2 \end{cases} \quad (c_1, c_2 \text{ 取任意实数})$$

5. 用矩阵初等行变换求矩阵 $\boldsymbol{A}$ 的逆阵 $\boldsymbol{A}^{-1}$。

$$\boldsymbol{A} = \begin{pmatrix} 1 & 3 & 1 \\ 0 & 2 & 3 \\ 1 & 4 & 3 \end{pmatrix}$$

解 构成 $(\boldsymbol{A} \vdots \boldsymbol{E})$，并对 $(\boldsymbol{A} \vdots \boldsymbol{E})$ 施行初等行变换：

$$(\boldsymbol{A} \vdots \boldsymbol{E}) = \left(\begin{array}{ccc:ccc} 1 & 3 & 1 & 1 & 0 & 0 \\ 0 & 2 & 3 & 0 & 1 & 0 \\ 1 & 4 & 3 & 0 & 0 & 1 \end{array}\right)$$

$$\xrightarrow{(-1)r_1 + r_3} \left(\begin{array}{ccc:ccc} 1 & 3 & 1 & 1 & 0 & 0 \\ 0 & 2 & 3 & 0 & 1 & 0 \\ 0 & 1 & 2 & -1 & 0 & 1 \end{array}\right)$$

$$\xrightarrow{r_2 \leftrightarrow r_3} \left(\begin{array}{ccc:ccc} 1 & 3 & 1 & 1 & 0 & 0 \\ 0 & 1 & 2 & -1 & 0 & 1 \\ 0 & 2 & 3 & 0 & 1 & 0 \end{array}\right)$$

$$\xrightarrow{(-2)r_2 + r_3} \left(\begin{array}{ccc:ccc} 1 & 3 & 1 & 1 & 0 & 0 \\ 0 & 1 & 2 & -1 & 0 & 1 \\ 0 & 0 & -1 & 2 & 1 & -2 \end{array}\right)$$

$$\xrightarrow[2r_3 + r_2]{r_3 + r_1} \left(\begin{array}{ccc:ccc} 1 & 3 & 0 & 3 & 1 & -2 \\ 0 & 1 & 0 & 3 & 2 & -3 \\ 0 & 0 & -1 & 2 & 1 & -2 \end{array}\right)$$

$$\xrightarrow[(-1)r_3]{(-3)r_2 + r_1} \left(\begin{array}{ccc:ccc} 1 & 0 & 0 & -6 & -5 & 7 \\ 0 & 1 & 0 & 3 & 2 & -3 \\ 0 & 0 & 1 & -2 & -1 & 2 \end{array}\right)$$

所以 $\boldsymbol{A}^{-1} = \begin{pmatrix} -6 & -5 & 7 \\ 3 & 2 & -3 \\ -2 & -1 & 2 \end{pmatrix}$

第四节　检测题及其解答

一、测试题及其解答

（一）A　　卷

1. 选择题。

如果线性方程组 $\boldsymbol{AX}=\boldsymbol{B}$ 的增广矩阵 $\tilde{\boldsymbol{A}}$ 经过初等行变换化为 $\begin{pmatrix} 2 & 3 & -1 & 7 & 8 \\ 0 & 4 & -8 & 1 & 6 \\ 0 & 0 & 0 & 6 & -2 \end{pmatrix}$，则（　　）。

a. $\boldsymbol{AX}=\boldsymbol{B}$ 有唯一解　　　　b. $\boldsymbol{AX}=\boldsymbol{0}$ 有唯一解

c. $\boldsymbol{AX}=\boldsymbol{B}$ 有无穷多解　　　d. $\boldsymbol{AX}=\boldsymbol{B}$ 无解

2. 填空题。

(1) 线性方程组 $\begin{cases} 2x_1+3x_2-x_3=2, \\ -4x_1-6x_2+2x_3=b \end{cases}$ 无解，则 b ________。

(2) 齐次线性方程组 $\boldsymbol{AX}=\boldsymbol{0}$，其中 $\boldsymbol{X}=(x_1, x_2, x_3, x_4)^T$，其系数矩阵 $\boldsymbol{A}$ 施行初等行变换后，化为如下行最简阶梯形：

$$\begin{pmatrix} 1 & -2 & 3 & 1 \\ 0 & 0 & 0 & 0 \\ 0 & 0 & 0 & 0 \end{pmatrix}$$

其解为________。

3. 解线性方程组

$$\begin{cases} x_1-x_2+x_3-x_4=0 \\ 2x_1+x_2+x_4=0 \\ 3x_1+3x_2-x_3+3x_4=0 \end{cases}$$

4. 解线性方程组

$$\begin{cases} x_1+2x_2+x_3=3 \\ -2x_1+x_2-x_3=-3 \\ x_1-3x_2=0 \end{cases}$$

5. 问 k 为何值时,线性方程组

$$\begin{cases} x_1 + x_2 + x_3 = 3 \\ kx_1 + (k-1)x_2 - x_3 = k \\ (k+3)x_1 + 5x_2 + 2x_3 = k+1 \end{cases}$$

(1) 有唯一解。(2) 无解。(3) 有无穷多解,并求出所有解。

6. 求齐次线性方程组的一个基础解系

$$\begin{cases} 2x_1 - 3x_2 + 8x_3 + 2x_4 = 0 \\ 2x_1 + 12x_2 - 2x_3 + 12x_4 = 0 \\ x_1 + 3x_2 + x_3 + 4x_4 = 0 \end{cases}$$

(二) B 卷

1. 选择题。

已知线性方程组 $\boldsymbol{AX} = \boldsymbol{b}$ 的增广矩阵 $\boldsymbol{A}$ 通过若干初等行变换化为如下行最简阶梯形:

$$\begin{pmatrix} 1 & 3 & 0 & 5 & 2 \\ 0 & 0 & 1 & 0 & -3 \\ 0 & 0 & 0 & 0 & 0 \end{pmatrix}$$

则自由未知量可选(　　)。

a. x_3, x_4　　b. x_2, x_3

c. x_2, x_4　　d. x_1, x_3

2. 填空题。

(1) $\boldsymbol{\alpha} = (2, 1, 0)$, $\boldsymbol{\beta} = (4, -1, -5)$,则 $3\boldsymbol{\alpha} - 2\boldsymbol{\beta} =$ ________。

(2) 线性方程组 $\boldsymbol{AX} = \boldsymbol{B}$ 的增广矩阵 $\tilde{\boldsymbol{A}}$ 施行初等行变换后化为行最简阶梯形矩阵:

$$\begin{pmatrix} 1 & 2 & 0 & -1 & 6 \\ 0 & 0 & 1 & 2 & 3 \\ 0 & 0 & 0 & 1 & -1 \\ 0 & 0 & 0 & 0 & 0 \end{pmatrix}$$

写出与 $\boldsymbol{AX} = \boldsymbol{B}$ 同解的线性方程组________。

3. 解线性方程组

$$\begin{cases} x_1 + x_2 + 2x_3 = 0 \\ 2x_1 + x_2 - x_3 = 1 \\ x_1 - 2x_2 + x_3 = 0 \end{cases}$$

4. 解线性方程组

$$\begin{cases} x_1 - 2x_2 + x_3 - x_4 = 0 \\ 2x_1 + x_2 + 3x_3 - 3x_4 = 0 \\ x_1 + 2x_3 - x_4 = 0 \\ x_2 - x_3 - x_4 = 0 \end{cases}$$

5. 设线性方程组 $\begin{cases} x_1 - x_2 - 2x_3 = 0 \\ 2x_1 + x_3 = 1 \\ 3x_1 - x_2 - x_3 = b \end{cases}$ 有解，求 b 的值及方程组的解。

6. 应用矩阵初等行变换求矩阵 $\boldsymbol{A}$ 的逆矩阵 $\boldsymbol{A}^{-1}$

$$\boldsymbol{A} = \begin{pmatrix} 1 & 1 & -1 \\ -2 & 1 & 1 \\ 1 & 1 & 1 \end{pmatrix}$$

二、测试题解答

(一) A 卷解答

1. 选择题。

因为 $R(\boldsymbol{A}) = R(\widetilde{\boldsymbol{A}}) = 3 < 4$，所以方程组 $\boldsymbol{AX} = \boldsymbol{B}$ 有无穷多解。

2. 填空题。

(1) 对增广矩阵 $\widetilde{\boldsymbol{A}}$ 进行初等行变换，化为行阶梯形矩阵

$$\widetilde{\boldsymbol{A}} = \begin{pmatrix} 2 & 3 & -1 & 2 \\ -4 & -6 & 2 & b \end{pmatrix} \xrightarrow{2r_1 + r_2} \begin{pmatrix} 2 & 3 & -1 & 2 \\ 0 & 0 & 0 & b-4 \end{pmatrix}$$

由于方程组无解，所以 $R(\boldsymbol{A}) \neq R(\widetilde{\boldsymbol{A}})$，故 $b - 4 \neq 0$，即 $b \neq 4$。

(2) 解为

$$\begin{cases} x_1 = 2c_1 - 3c_2 - c_3 \\ x_2 = c_1 \\ x_3 = c_2 \\ x_4 = c_3 \end{cases} \quad (c_1, c_2, c_3 \text{ 取任意实数})$$

3. 对系数矩阵 $\boldsymbol{A}$ 进行初等行变换,化为行最简阶梯形矩阵

$$\boldsymbol{A}=\begin{pmatrix}1 & -1 & 1 & -1\\ 2 & 1 & 0 & 1\\ 3 & 3 & -1 & 3\end{pmatrix}\xrightarrow[(-3)r_1+r_3]{(-2)r_1+r_2}\begin{pmatrix}1 & -1 & 1 & -1\\ 0 & 3 & -2 & 3\\ 0 & 6 & -4 & 6\end{pmatrix}$$

$$\xrightarrow{(-2)r_2+r_3}\begin{pmatrix}1 & -1 & 1 & -1\\ 0 & 3 & -2 & 3\\ 0 & 0 & 0 & 0\end{pmatrix}\xrightarrow{\frac{1}{3}r_2}\begin{pmatrix}1 & -1 & 1 & -1\\ 0 & 1 & -\frac{2}{3} & 1\\ 0 & 0 & 0 & 0\end{pmatrix}$$

$$\xrightarrow{r_2+r_1}\begin{pmatrix}1 & 0 & \frac{1}{3} & 0\\ 0 & 1 & -\frac{2}{3} & 1\\ 0 & 0 & 0 & 0\end{pmatrix}$$

所以方程组的解为

$$\begin{cases} x_1 = -\frac{1}{3}c_1 \\ x_2 = \frac{2}{3}c_1 - c_2 \\ x_3 = c_1 \\ x_4 = c_2 \end{cases} \quad (c_1, c_2 \text{ 为任意实数})$$

4. 对增广矩阵 $\widetilde{\boldsymbol{A}}$ 进行初等行变换,化为行最简阶梯形矩阵

$$\widetilde{\boldsymbol{A}}=\begin{pmatrix}1 & 2 & 1 & 3\\ -2 & 1 & -1 & -3\\ 1 & -3 & 0 & 0\end{pmatrix}\xrightarrow[(-1)r_1+r_3]{2r_1+r_2}\begin{pmatrix}1 & 2 & 1 & 3\\ 0 & 5 & 1 & 3\\ 0 & -5 & -1 & -3\end{pmatrix}$$

$$\xrightarrow{r_2+r_3}\begin{pmatrix}1 & 2 & 1 & 3\\ 0 & 5 & 1 & 3\\ 0 & 0 & 0 & 0\end{pmatrix}\xrightarrow{\frac{1}{5}r_2}\begin{pmatrix}1 & 2 & 1 & 3\\ 0 & 1 & \frac{1}{5} & \frac{3}{5}\\ 0 & 0 & 0 & 0\end{pmatrix}$$

$$\xrightarrow{(-2)r_2+r_1}\begin{pmatrix}1 & 0 & \frac{3}{5} & \frac{9}{5}\\ 0 & 1 & \frac{1}{5} & \frac{3}{5}\\ 0 & 0 & 0 & 0\end{pmatrix}$$

所以方程组的解

$$\begin{cases}x_1 = -\frac{3}{5}c+\frac{9}{5}\\ x_2 = -\frac{1}{5}c+\frac{3}{5}\\ x_3 = \quad c\end{cases}（c\text{ 取任意实数}）$$

5. 对增广矩阵 $\widetilde{\mathbf{A}}$ 进行初等行变换，化为行阶梯形矩阵

$$\widetilde{\mathbf{A}}=\begin{pmatrix}1 & 1 & 1 & 3\\ k & k-1 & -1 & k\\ k+3 & 5 & 2 & k+1\end{pmatrix}\xrightarrow[-(k+3)r_1+r_3]{(-k)r_1+r_2}\begin{pmatrix}1 & 1 & 1 & 3\\ 0 & -1 & -k-1 & -2k\\ 0 & 2-k & -k-1 & -2k-8\end{pmatrix}$$

$$\xrightarrow{(2-k)r_2+r_3}\begin{pmatrix}1 & 1 & 1 & 3\\ 0 & -1 & -k-1 & -2k\\ 0 & 0 & (k-3)(k+1) & (k-4)(k+1)\end{pmatrix}$$

(1) 当 $k\neq 3$ 且 $k=-1$ 时，$R(\mathbf{A})=R(\widetilde{\mathbf{A}})=3$，有唯一解。

(2) 当 $k=3$ 时，$\widetilde{\mathbf{A}}$ 化为

$$\begin{pmatrix}1 & 1 & 1 & 3\\ 0 & -1 & -4 & -6\\ 0 & 0 & 0 & -4\end{pmatrix}$$

$R(\mathbf{A})\neq R(\widetilde{\mathbf{A}})$，方程组无解。

(3) 当 $k=-1$ 时，$R(\mathbf{A})=R(\widetilde{\mathbf{A}})=2$，有无穷多解。

$$\widetilde{\mathbf{A}}\longrightarrow\begin{pmatrix}1 & 1 & 1 & 3\\ 0 & -1 & 0 & 2\\ 0 & 0 & 0 & 0\end{pmatrix}\xrightarrow{r_2+r_1}\begin{pmatrix}1 & 0 & 1 & 5\\ 0 & -1 & 0 & 2\\ 0 & 0 & 0 & 0\end{pmatrix}$$

$$\xrightarrow{(-1)r_2}\begin{pmatrix}1&0&1&5\\0&1&0&-2\\0&0&0&0\end{pmatrix}$$

解为

$$\begin{cases}x_1=-c+5\\x_2=\quad -2\ (c\text{ 取任意实数})\\x_3=\quad c\end{cases}$$

6. 对线性方程组的系数矩阵 $\boldsymbol{A}$ 进行初等行变换，化为行最简阶梯形矩阵

$$\boldsymbol{A}=\begin{pmatrix}2&-3&8&2\\2&12&-2&12\\1&3&1&4\end{pmatrix}\xrightarrow{r_1\leftrightarrow r_3}\begin{pmatrix}1&3&1&4\\2&12&-2&12\\2&-3&8&2\end{pmatrix}$$

$$\xrightarrow[(-2)r_1+r_3]{(-2)r_1+r_2}\begin{pmatrix}1&3&1&4\\0&6&-4&4\\0&-9&6&-6\end{pmatrix}\xrightarrow{\frac{3}{2}r_2+r_3}\begin{pmatrix}1&3&1&4\\0&6&-4&4\\0&0&0&0\end{pmatrix}$$

$$\xrightarrow{\frac{1}{6}r_2}\begin{pmatrix}1&3&1&4\\0&1&-\frac{2}{3}&\frac{2}{3}\\0&0&0&0\end{pmatrix}\xrightarrow{(-3)r_2+r_1}\begin{pmatrix}1&0&3&2\\0&1&-\frac{2}{3}&\frac{2}{3}\\0&0&0&0\end{pmatrix}$$

得解为

$$\begin{cases}x_1=-3c_1-2c_2\\x_2=\frac{2}{3}c_1-\frac{2}{3}c_2\\x_3=\quad c_1\\x_4=\quad\quad c_2\end{cases}$$

于是解方程组的一个基础解系为

$$\boldsymbol{\alpha}_1=\begin{pmatrix}-3\\\frac{2}{3}\\1\\0\end{pmatrix},\ \boldsymbol{\alpha}_2=\begin{pmatrix}-2\\-\frac{2}{3}\\0\\1\end{pmatrix}$$

(二) B 卷解答

1. 选择题。

选 C。

2. 填空题。

(1) $3\boldsymbol{\alpha}-2\boldsymbol{\beta}=(6,-3,0)-(8,-2,-10)=(-2,-1,10)$

(2) $\begin{cases} x_1+2x_2 \quad - \quad x_4=6 \\ \qquad\quad x_3+2x_4=3 \\ \qquad\qquad\quad x_4=-1 \end{cases}$

3. 对增广矩阵 $\widetilde{\mathbf{A}}$ 进行初等行变换，化为行最简阶梯形矩阵

$$\widetilde{\mathbf{A}}=\begin{pmatrix}1&1&2&0\\2&1&-1&1\\1&-2&1&0\end{pmatrix}\xrightarrow[(-1)r_1+r_3]{(-2)r_1+r_2}\begin{pmatrix}1&1&2&0\\0&-1&-5&1\\0&-3&-1&0\end{pmatrix}$$

$$\xrightarrow{(-1)r_2}\begin{pmatrix}1&1&2&0\\0&1&5&-1\\0&-3&-1&0\end{pmatrix}\xrightarrow[3r_2+r_3]{(-1)r_2+r_1}\begin{pmatrix}1&0&-3&1\\0&1&5&-1\\0&0&14&-3\end{pmatrix}$$

$$\xrightarrow{\frac{1}{14}r_3}\begin{pmatrix}1&0&-3&1\\0&1&5&-1\\0&0&1&-\frac{3}{14}\end{pmatrix}\xrightarrow[(-5)r_3+r_2]{3r_3+r_1}\begin{pmatrix}1&0&0&\frac{5}{14}\\0&1&0&\frac{1}{14}\\0&0&1&-\frac{3}{14}\end{pmatrix}$$

解为

$$\begin{cases}x_1=\dfrac{5}{14}\\x_2=\dfrac{1}{14}\\x_3=-\dfrac{3}{14}\end{cases}$$

4. 对线性方程组的系数矩阵 $\mathbf{A}$ 进行初等行变换，化为行最简阶梯形矩阵

$$
\boldsymbol{A}=\begin{pmatrix}1&-2&1&-1\\2&1&3&-3\\1&0&2&-1\\0&1&-1&-1\end{pmatrix}\xrightarrow[(-1)r_1+r_3]{(-2)r_1+r_2}\begin{pmatrix}1&-2&1&-1\\0&5&1&-1\\0&2&1&0\\0&1&-1&-1\end{pmatrix}
$$

$$
\xrightarrow{r_2\leftrightarrow r_4}\begin{pmatrix}1&-2&1&-1\\0&1&-1&-1\\0&2&1&0\\0&5&1&-1\end{pmatrix}\xrightarrow[(-5)r_2+r_4]{(-2)r_2+r_3}\begin{pmatrix}1&-2&1&-1\\0&1&-1&-1\\0&0&3&2\\0&0&6&4\end{pmatrix}
$$

$$
\xrightarrow{(-2)r_3+r_4}\begin{pmatrix}1&-2&1&-1\\0&1&-1&-1\\0&0&3&2\\0&0&0&0\end{pmatrix}\xrightarrow{\frac{1}{3}r_3}\begin{pmatrix}1&-2&1&-1\\0&1&-1&-1\\0&0&1&\frac{2}{3}\\0&0&0&0\end{pmatrix}
$$

$$
\xrightarrow[r_3+r_2]{(-1)r_3+r_1}\begin{pmatrix}1&-2&0&-\frac{5}{3}\\0&1&0&-\frac{1}{3}\\0&0&1&\frac{2}{3}\\0&0&0&0\end{pmatrix}\xrightarrow{2r_2+r_1}\begin{pmatrix}1&0&0&-\frac{7}{3}\\0&1&0&-\frac{1}{3}\\0&0&1&\frac{2}{3}\\0&0&0&0\end{pmatrix}
$$

所以方程组的解为

$$
\begin{cases}x_1=\frac{7}{3}c\\x_2=\frac{1}{3}c\\x_3=-\frac{2}{3}c\\x_4=c\end{cases}\quad(c\text{ 取任意实数})
$$

5．对增广矩阵 $\widetilde{\boldsymbol{A}}$ 进行初等行变换，化为行阶梯形矩阵

$$
\boldsymbol{A}=\begin{pmatrix}1&-1&-2&0\\2&0&1&1\\3&-1&-1&b\end{pmatrix}\xrightarrow[(-3)r_1+r_3]{(-2)r_1+r_2}\begin{pmatrix}1&-1&-2&0\\0&2&5&1\\0&2&5&b\end{pmatrix}
$$

$$\xrightarrow{(-1)r_2+r_3}\begin{pmatrix}1 & -1 & -2 & 0\\0 & 2 & 5 & 1\\0 & 0 & 0 & b-1\end{pmatrix}$$

因为方程组有解，所以 $R(\boldsymbol{A}) = R(\widetilde{\boldsymbol{A}})$。而 $R(\boldsymbol{A}) = 2$，从而 $R(\widetilde{\boldsymbol{A}}) = 2$，故 $b-1 = 0$，即 $b = 1$。

当 $b = 1$ 时，

$$\boldsymbol{A} \longrightarrow \begin{pmatrix}1 & -1 & -2 & 0\\0 & 2 & 5 & 1\\0 & 0 & 0 & 0\end{pmatrix}$$

$$\xrightarrow{\frac{1}{2}r_2}\begin{pmatrix}1 & -1 & -2 & 0\\0 & 1 & \frac{5}{2} & \frac{1}{2}\\0 & 0 & 0 & 0\end{pmatrix}$$

$$\xrightarrow{r_2+r_1}\begin{pmatrix}1 & 0 & \frac{1}{2} & \frac{1}{2}\\0 & 1 & \frac{5}{2} & \frac{1}{2}\\0 & 0 & 0 & 0\end{pmatrix}$$

线性方程组的解为

$$\begin{cases}x_1 = -\frac{1}{2}c_1 - \frac{1}{2}c_2\\x_2 = -\frac{5}{2}c_1 - \frac{1}{2}c_2\\x_3 = \quad c_1\\x_4 = \quad\quad c_2\end{cases}\text{（}c_1, c_2\text{ 取任意实数）}$$

6. 因为 $|\boldsymbol{A}| = 6$，所以 $\boldsymbol{A}^{-1}$ 存在。作矩阵 $(\boldsymbol{A} \vdots \boldsymbol{E})$，进行初等行变换，将其化为 $(\boldsymbol{E} \vdots \boldsymbol{C})$：

$$(\boldsymbol{A} \vdots \boldsymbol{E}) = \begin{pmatrix}1 & 1 & -1 & \vdots & 1 & 0 & 0\\-2 & 1 & 1 & \vdots & 0 & 1 & 0\\1 & 1 & 1 & \vdots & 0 & 0 & 1\end{pmatrix}$$

$$\xrightarrow[(-1)r_1+r_3]{2r_1+r_2}\begin{pmatrix}1 & 1 & -1 & \vdots & 1 & 0 & 0\\ 0 & 3 & -1 & \vdots & 2 & 1 & 0\\ 0 & 0 & 2 & \vdots & -1 & 0 & 1\end{pmatrix}$$

$$\xrightarrow[\frac{1}{2}r_3]{\frac{1}{3}r_2}\begin{pmatrix}1 & 1 & -1 & \vdots & 1 & 0 & 0\\ 0 & 1 & -\frac{1}{3} & \vdots & \frac{2}{3} & \frac{1}{3} & 0\\ 0 & 0 & 1 & \vdots & -\frac{1}{2} & 0 & \frac{1}{2}\end{pmatrix}$$

$$\xrightarrow[\frac{1}{3}r_3+r_2]{r_3+r_1}\begin{pmatrix}1 & 1 & 0 & \vdots & \frac{1}{2} & 0 & \frac{1}{2}\\ 0 & 1 & 0 & \vdots & \frac{1}{2} & \frac{1}{3} & \frac{1}{6}\\ 0 & 0 & 1 & \vdots & -\frac{1}{2} & 0 & \frac{1}{2}\end{pmatrix}$$

$$\xrightarrow{(-1)r_2+r_1}\begin{pmatrix}1 & 0 & 0 & \vdots & 0 & -\frac{1}{3} & \frac{1}{3}\\ 0 & 1 & 0 & \vdots & \frac{1}{2} & \frac{1}{3} & \frac{1}{6}\\ 0 & 0 & 1 & \vdots & -\frac{1}{2} & 0 & \frac{1}{2}\end{pmatrix}$$

得

$$\mathbf{A}^{-1}=\begin{pmatrix}0 & -\frac{1}{3} & \frac{1}{3}\\ \frac{1}{2} & \frac{1}{3} & \frac{1}{6}\\ -\frac{1}{2} & 0 & \frac{1}{2}\end{pmatrix}$$

第十二章　线性规划

第一节　内容提要

一、线性规划问题的数学模型及标准形式

线性规划问题的数学模型的一般形式是：

$$\max(\text{或}\min) L = c_1x_1 + c_2x_2 + \cdots + c_nx_n$$

$$\text{s. t}\begin{cases} a_{11}x_1 + a_{12}x_2 + \cdots + a_{1n}x_n \leqslant (\text{或} =, \text{或} \geqslant) b_1 \\ a_{21}x_1 + a_{22}x_2 + \cdots + a_{2n}x_n \leqslant (\text{或} =, \text{或} \geqslant) b_2 \\ \cdots \quad \cdots \quad \cdots \quad \cdots \\ a_{m1}x_1 + a_{m2}x_2 + \cdots + a_{mn}x_n \leqslant (\text{或} =, \text{或} \geqslant) b_m \\ x_1, x_2, \cdots, x_n \geqslant 0 \end{cases}$$

线性规划问题的数学模型包含三个组成要素：① 决策变量，为实现问题的目标，提出的需确定的变量。② 目标函数，指问题要达到的要求，以决策变量的线性函数表示。③ 约束条件，指决策变量取值时受到的各种可用资源的限制，以决策变量线性等式或线性不等式来表示。

线性规划问题的标准形式是：

$$\max L = c_1x_1 + c_2x_2 + \cdots + c_nx_n$$

$$\text{s. t}\begin{cases} a_{11}x_1 + a_{12}x_2 + \cdots + a_{1n}x_n = b_1 \\ a_{21}x_1 + a_{22}x_2 + \cdots + a_{2n}x_n = b_2 \\ \cdots \quad \cdots \quad \cdots \quad \cdots \quad \cdots \\ a_{m1}x_1 + a_{m2}x_2 + \cdots + a_{mn}x_n = b_m \\ x_1, x_2, \cdots, x_n \geqslant 0 \end{cases} \qquad (12-1)$$

其中，$b_1, b_2, \cdots, b_m \geqslant 0$。

满足约束条件的一组变量的值称为线性规划问题的一个可行解。全部可行解的集合称为可行域，使目标函数 L 取得最大值（或最小值）的可行解称为最优解，此

时目标函数的值称为最优值。

二、将线性规划问题化为标准形式的规定

(1) 如果问题是求目标函数 L 的最小值,即为

$$\min L = c_1x_1 + c_2x_2 + \cdots + c_nx_n$$

令 $Z = -L$,于是化为求目标函数 Z 的最大值,即

$$\max Z = -\min L = -c_1x_1 - c_2x_2 - \cdots - c_nx_n$$

(2) 约束条件为不等式,可采用如下方法:

当约束条件为"$\leqslant$"时,如 $4x_1+3x_2-x_3 \leqslant 8$,我们可引入一个新的非负变量 x_4,使

$$4x_1 + 3x_2 - x_3 + x_4 = 8$$

称 x_4 为**松弛变量**。

当约束条件为"$\geqslant$"时,如 $9x_1 - 7x_2 + 3x_3 \geqslant 13$,我们可引入一个新的非负变量 x_5,使

$$9x_1 - 7x_2 + 3x_3 - x_5 = 13$$

称 x_5 为**剩余变量**。

松弛变量、剩余变量在目标函数中的系数为零。

(3) 如果某变量 x 无非负约束,我们可引入两个非负变量 x', x''。令 $x = x' - x''$,将其代入约束条件和目标函数中。

(4) 如果变量 $x_i \leqslant 0$,我们可设 $x'_i = -x_i$,将其代入约束条件和目标函数中,显然 $x'_i \geqslant 0$。

(5) 如果约束条件中存在约束

$$a_{i1}x_1 + a_{i2}x_2 + \cdots + a_{in}x_n \leqslant (\text{或} =,\text{或} \geqslant) b_i$$

其中,$b_i < 0$,我们可在此约束两端同乘以-1。

三、图解法的步骤

(1) 建立平面直角坐标系。

(2) 将约束条件中的两个变量的线性等式或线性不等式,在坐标平面内用一条直线或一个半平面表示,确定满足约束条件的解的范围,即线性规划问题的可行域。

(3) 绘制出目标函数的图形,确定最优解是否存在,若存在,求最优解。

四、线性规划问题解的判别法

定理 设线性规划问题为

$$\max L = c_1x_1 + c_2x_2 + \cdots + c_nx_n$$

$$\begin{cases} x_1 \qquad + a_{1,\,m+1}x_{m+1} + \cdots + a_{1n}x_n = b_1 \\ \quad x_2 \quad + a_{2,\,m+1}x_{m+1} + \cdots + a_{2n}x_n = b_2 \\ \qquad \cdots\cdots\cdots\cdots \\ \qquad x_m + a_{m,\,m+1}x_{m+1} + \cdots + a_{mn}x_n = b_m \end{cases} \tag{12-2}$$

基

$$B = \begin{pmatrix} x_1 & x_2 & \cdots & x_n \\ 1 & 0 & \cdots & 0 \\ 0 & 1 & \cdots & 0 \\ \cdots & \cdots & \cdots & \cdots \\ 0 & 0 & \cdots & 1 \end{pmatrix}$$

表 12－1 是基 B 的单纯形表，$x=(b_1, b_2, \cdots, b_m, 0, 0, \cdots, 0)$ 是基可行解。

表 12－1　单 纯 形 表

B	x_1	x_2	$\cdots$	x_m	x_{m+1}	x_{m+2}	$\cdots$	x_n	b
x_1	1	0	$\cdots$	0	$a_{1,\,m+1}$	$a_{1,\,m+2}$	$\cdots$	a_{1n}	b_1
x_2	0	1	$\cdots$	0	$a_{2,\,m+1}$	$a_{2,\,m+2}$	$\cdots$	a_{2n}	b_2
$\vdots$	$\cdots$	$\cdots$	$\cdots$	$\cdots$	$\cdots$	$\cdots$	$\cdots$	$\cdots$	$\vdots$
x_m	0	0	$\cdots$	1	$a_{m,\,m+1}$	$a_{m,\,m+2}$	$\cdots$	a_{mm}	b_m
$-L$	0	0	$\cdots$	0	λ_{m+1}	λ_{m+2}	$\cdots$	λ_m	$-L_0$

(1) 若检验解 $\lambda_{m+1}, \lambda_{m+2}, \cdots, \lambda_n < 0$，则此基可行解为唯一最优解。

(2) 若检验解 $\lambda_{m+1}, \lambda_{m+2}, \cdots, \lambda_n \leqslant 0$，且存在 k，$m+1 \leqslant k \leqslant n$，有 $\lambda_k = 0$，则线性规划问题有无穷多个最优解，此基可行解为其中之一最优解。

(3) 若存在 k，$m+1 \leqslant k \leqslant n$，有 $\lambda_k > 0$，且表 12－1 中 λ_k 对应的列向量

$$P_k = \begin{pmatrix} a_{1k} \\ a_{2k} \\ \vdots \\ a_{mk} \end{pmatrix} \leqslant 0$$

则线性规划问题无最优解。

五、单纯形法的计算步骤

第一步，找出初始可行基(由约束方程组)中基变量系数按原次序组成的单位矩阵，建立初始单纯形表。

对非标准形式的线性规划问题，首先化成标准形式，我们设法使约束方程组的系数矩阵中包含一个单位矩阵，取此单位矩阵为基，不妨设 B 为

$$B = \begin{array}{c} \begin{matrix} x_1 & x_2 & \cdots & x_m \end{matrix} \\ \begin{pmatrix} 1 & 0 & \cdots & 0 \\ 0 & 1 & \cdots & 0 \\ \cdots & \cdots & \cdots & \cdots \\ 0 & 0 & \cdots & 1 \end{pmatrix} \end{array}$$

即，线性规划问题如(12 - 2)式，建立初始单纯形表，如表 12 - 1 所示。

第二步，进行最优性检验。

如果初始单纯形表中存在检验 $\lambda_k > 0$，且 λ_k 对应的列向量大于 0，则转入下一步；否则，线性规划问题有唯一最优解或无穷多最优解或无最优解。计算到此结束。

第三步，从一个基可行解转换到另一个目标函数值更大的基可行解，并列出新的单纯形表。

(1) 确定进基变量。按 $\max\{\lambda_j \mid \lambda_j > 0\} = \lambda_k$，确定非基变量 x_k 为进基变量。

(2) 确定出基变量。按 $\theta = \min\left\{\dfrac{b_i}{a_{ik}} \middle| a_{ik} > 0\right\} = \dfrac{b_t}{a_{tk}}$，确定基变量 x_t 为出基变量。

(3) 构造新基变量的单纯形表，转入第二步。

第二节 例 题 分 析

【例 1】 (混合配料问题)某糖果厂用原料 A_1，A_2，A_3 加工成 3 种不同牌号的糖果 B_1，B_2，B_3。已知各牌号糖果中原料 A_1，A_2，A_3 的含量、各种原料的每月限制用量、3 种牌号的单位加工费及售价如表 12 - 2 所示。问该厂每月生产这 3 种牌号糖果各多少，才能使其利润最大？试建立求解的线性规划模型。

表 12 - 2 单位加工费及售价

原 料	B_1	B_2	B_3	原料成本(元/千克)	每月限量(千克)
A_1	≥60%	≥30%		2.00	2 000
A_2				1.50	2 500
A_3	≤20%	≤50%	≤60%	1.00	1 200
加工费(元/千克)	0.5	0.40	0.30		
售价(元/千克)	3.40	2.85	2.25		

解 设生产糖果 B_j 耗用原料 A_i 的数量为 x_{ij}，i，$j=1, 2, 3$。于是生产糖果 B_1，B_2，B_3 的产量分别为 $x_{11}+x_{21}+x_{31}$，$x_{12}+x_{22}+x_{32}$，$x_{13}+x_{23}+x_{33}$，所获利润 L 为：

$$\begin{aligned}L=&(3.40-0.50)(x_{11}+x_{21}+x_{31})+(2.85-0.40)(x_{12}+x_{22}+x_{32})+\\&(2.25-0.30)(x_{13}+x_{23}+x_{33})-2.0(x_{11}+x_{12}+x_{13})-\\&1.50(x_{21}+x_{22}+x_{23})-1.0(x_{31}+x_{32}+x_{33})-0.9x_{11}+\\&0.45x_{12}-0.05x_{13}+1.4x_{21}+0.95x_{22}+\\&0.45x_{23}+1.91x_{31}+1.45x_{32}+0.95x_{33}\end{aligned}$$

受原料月供应量限制，得

$$x_{11}+x_{12}+x_{13}\leqslant 2\,000$$
$$x_{21}+x_{22}+x_{23}\leqslant 2\,500$$
$$x_{31}+x_{32}+x_{33}\leqslant 1\,200$$

受糖果 B_1 原料含量成分的限制，得

$$x_{11}\geqslant 0.6(x_{11}+x_{21}+x_{31})$$
$$x_{31}\leqslant 0.2(x_{11}+x_{21}+x_{31})$$

受糖果 B_2 原料含量成分的限制，得

$$x_{12}\geqslant 0.3(x_{12}+x_{22}+x_{32})$$
$$x_{32}\leqslant 0.5(x_{12}+x_{22}+x_{32})$$

受糖果 B_3 原料含量成分的限制，得

$$x_{33}\leqslant 0.6(x_{13}+x_{23}+x_{33})$$

于是，得如下线性规划模型：

$$\begin{aligned}\max L=&0.9x_{11}+0.45x_{12}-0.05x_{13}+1.4x_{21}+0.95x_{22}+\\&0.45x_{23}+1.91x_{31}+1.45x_{32}+0.95x_{33}\end{aligned}$$

$$\text{s.t.}\begin{cases}x_{11}+x_{12}+x_{13}\leqslant 2\,000\\x_{21}+x_{22}+x_{23}\leqslant 2\,500\\x_{31}+x_{32}+x_{33}\leqslant 1\,200\\0.4x_{11}-0.6x_{21}-0.6x_{31}\geqslant 0\\-0.2x_{11}-0.2x_{21}+0.8x_{31}\leqslant 0\\0.7x_{12}-0.3x_{22}-0.3x_{32}\geqslant 0\\-0.5x_{12}-0.5x_{22}+0.5x_{32}\leqslant 0\\-0.6x_{13}-0.6x_{23}+0.4x_{33}\leqslant 0\\x_{ij}\geqslant 0,\ i,\ j=1,\ 2,\ 3\end{cases}$$

【例 2】 用图解法求解线性规划问题。

$$\max L = 3x_1 + x_2$$

$$\text{s. t.}\begin{cases} 5x_2 \leqslant 15 \\ 6x_1 + 2x_2 \leqslant 24 \\ x_1 + x_2 \leqslant 5 \\ x_1,\ x_2 \geqslant 0 \end{cases}$$

解 作出可行域 K 及向量 $\overrightarrow{OC}$ 如图 12-1 所示。

直线族 $L = 3x_1 + x_2$ 沿目标函数值增大方向移动，即为垂直 $\overrightarrow{OC}$ 移动，最后与可行域 K 相交于线段 P_1P_2，所以线段 P_1P_2 上所有点的坐标均为该问题的最优解，如 $x_1 = 4,\ x_2 = 0$，最优值 $L = 12$。

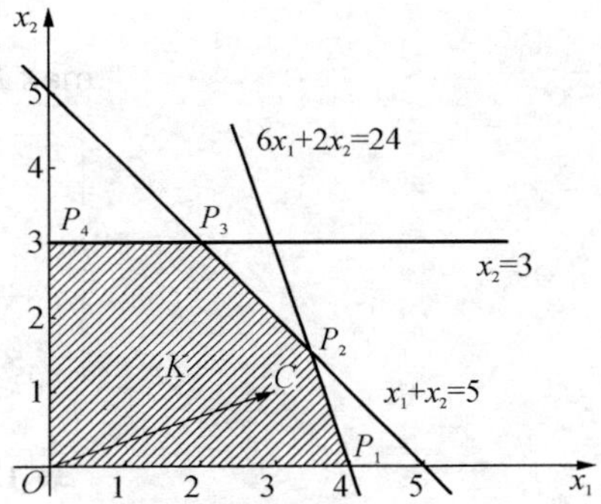

图 12-1 可行域 K 及向量 $\overrightarrow{OC}$

【例 3】 将线性规划问题

$$\max L = x_1 - 4x_2$$

$$\text{s. t.}\begin{cases} -3x_1 + x_2 \leqslant 6 \\ x_1 + 2x_2 \leqslant 4 \\ x_2 \geqslant -3 \\ x_1 \geqslant 0 \end{cases}$$

化为标准形式。

解 令 $x'_2 = x_2 + 3$，则上述问题即为

$$\max L = x_1 - 4x'_2 + 12$$

$$\begin{cases} -3x_1 + x'_2 \leqslant 9 \\ x_1 + 2x'_2 \leqslant 10 \\ x_1 \geqslant 0,\ x'_2 \geqslant 0 \end{cases}$$

再引进平衡变量 x_3、x_4，化为标准形式如下：

$$\max L = x_1 - 4x'_2 + 12$$

$$\begin{cases} -3x_1 + x'_2 + x_3 = 9 \\ x_1 + 2x'_2 + x_4 = 10 \\ x_j \geqslant 0\ (j = 1,\ 3,\ 4),\ x'_2 \geqslant 0 \end{cases}$$

【例 4】 用单纯形法求解线性规划问题。

$$\min L = -2x_1 - 4x_2$$
$$\begin{cases} x_1 \leqslant 4 \\ x_2 \leqslant 3 \\ x_1 + 2x_2 \leqslant 8 \\ x_1 \geqslant, \ x_2 \geqslant 0 \end{cases}$$

先将问题化为标准形式，再作单纯形表如表 12 - 3 所示。

$$\max L' = 2x_1 + 4x_2$$
$$\begin{cases} x_1 + x_3 = 4 \\ x_2 + x_4 = 3 \\ x_1 + 2x_2 + x_5 = 8 \\ x_i \geqslant 0, \ i = 1, 2, \cdots, 5 \end{cases}$$

表 12 - 3 单 纯 形 表

轮次	X_B	x_1	x_2	x_3	x_4	x_5	b	θ
初始	x_3	1	0	1	0	0	4	—
	x_4	0	[1]	0	1	0	3	3
	x_5	1	2	0	0	1	8	4
	$-L'$	2	4	0	0	0	0	
迭代一	x_3	1	0	1	0	0	4	4
	x_2	0	1	0	1	0	3	—
	x_5	[1]	0	0	−2	1	2	2
	$-L'$	2	0	0	−4	0	−12	
迭代二	x_3	0	0	1	[2]	−1	2	1
	x_2	0	1	0	1	0	3	3
	x_1	1	0	0	−2	1	2	—
	$-L'$	0	0	0	0	−2	−16	

有无穷个最优解，如 $x_1 = 2$, $x_2 = 3$ 是最优解，最优值 $L = -16$。

【例 5】 用单纯形法求解线性规划问题。

$$\min L = -2x_2 + 5x_4 + x_6$$

$$\begin{cases} x_1 - 2x_2 \quad + x_4 + x_5 = 2 \\ -3x_2 \quad + 4x_4 + 2x_5 + x_6 = 4 \\ x_2 + x_3 + 2x_4 - 3x_5 = 3 \\ x_j \geqslant 0 \ (j = 1, 2, \cdots, 6) \end{cases}$$

解 先化为标准形式,再作单纯形表如表 12-4 所示。

$$\max L' = 2x_2 - 5x_4 - x_6$$

$$\begin{cases} x_1 - 2x_2 \quad + x_4 + x_5 = 2 \\ -3x_2 \quad + 4x_4 + 2x_5 + x_6 = 4 \\ x_2 + x_3 + 2x_4 - 3x_5 = 3 \\ x_j \geqslant 0 \ (j = 1, 2, \cdots, 6) \end{cases}$$

在约束方程组系数矩阵中,第一、第六、第三列构成一个 3 阶单位阵,取它作为初始基,对应的基变量为 x_1、x_6、x_3,目标函数 L' 用非基变量表示为

$$L' = 2x_2 - 5x_4 - (4 + 3x_2 - 4x_4 - 2x_5) = -x_2 - x_4 + 2x_5 - 4$$

表 12-4 单 纯 形 表

轮次	X_B	x_1	x_2	x_3	x_4	x_5	x_6	b	θ
初始	x_1	1	−2	0	1	[1]	0	2	2
	x_6	0	−3	0	4	2	1	4	2
	x_3	0	1	1	2	−3	0	3	—
	$-L'$	0	−1	0	−1	2	0	4	
迭代一	x_5	1	−2	0	1	1	0	2	—
	x_6	−2	[1]	0	2	0	1	0	0
	x_3	3	−5	1	5	0	0	9	—
	$-L'$	−2	3	0	−3	0	0	0	
迭代二	x_5	−3	0	0	5	1	2	2	
	x_2	−2	1	0	2	0	1	0	
	x_3	−7	0	1	15	0	5	9	
	$-L'$	4	0	0	−9	0	−3	0	

由迭代二看出，检验数 4 所在列(第一列)不含正数，所以该问题无最优解。

【例 6】 某工厂用 2 种原料生产 3 种产品，有关数据如表 12 - 5 所示。变式问如何安排生产计划使总利润最大?

表 12 - 5　原料及产品相关数据

原料＼产品	A	B	C	现有原料(吨)
甲	2	1	2	7
乙	1	3	2	11
利润(万元)	2	3	1	

解　设产品 A, B, C 的生产量分别为 x_1, x_2, x_3 吨，总利润为 L 万元。据题意得该问题的数学模型为

$$\max L = 2x_1 + 3x_2 + x_3$$

$$\begin{cases} 2x_1 + x_2 + 2x_3 \leqslant 7 \\ x_1 + 3x_2 + 2x_3 \leqslant 11 \\ x_j \geqslant 0 \ (j = 1, 2, 3) \end{cases}$$

再将其化为标准形式：

$$\max L = 2x_1 + 3x_2 + x_3$$

$$\begin{cases} 2x_1 + x_2 + 2x_3 + x_4 = 7 \\ x_1 + 3x_2 + 2x_3 + x_5 = 11 \\ x_j \geqslant 0 \ (j = 1, 2, \cdots, 5) \end{cases}$$

用单纯形法求解上述线性规划问题，如表 12 - 6 所示。

表 12 - 6　单 纯 形 表

轮次	X_B	x_1	x_2	x_3	x_4	x_5	b	θ
初始	x_4	2	1	2	1	0	7	7
	x_5	1	[3]	2	0	1	11	$\frac{11}{3}$
	$-L$	2	3	1	0	0	0	

（续表）

轮次	X_B	x_1	x_2	x_3	x_4	x_5	b	θ
迭代一	x_4	$\left[\frac{5}{3}\right]$	0	$\frac{4}{3}$	1	$-\frac{1}{3}$	$\frac{10}{3}$	2
	x_2	$\frac{1}{3}$	1	$\frac{2}{3}$	0	$\frac{1}{3}$	$\frac{11}{3}$	11
	$-L$	1	0	-1	0	-1	-11	
迭代二	x_1	1	0	$\frac{4}{5}$	$\frac{3}{5}$	$-\frac{1}{5}$	2	
	x_2	0	1	$\frac{2}{5}$	$-\frac{1}{5}$	$\frac{2}{5}$	3	
	$-L$	0	0	$-\frac{9}{5}$	$-\frac{3}{5}$	$-\frac{4}{5}$	-13	

所以，最优解为 $X=(2, 3, 0)^T$，最优值 $L=13$，即最优生产计划为：生产产品 A 为 2 吨、B 为 3 吨、不生产产品 C，可获最大利润为 13 万元。

第三节　习题选解

习　题　12－1

3. 现有 300 厘米长的钢管 500 根，需截成 70 厘米和 80 厘米长的 2 种规格，每套由 70 厘米 3 根、80 厘米 2 根组成。有如表 12－7 所示的 4 种截法。求使余料最少的最优下料方案，试建立线性规划模型。

表 12－7　钢管的截法

方案	截成长为 70 厘米长的根数	截成长为 80 厘米长的根数	余料（厘米）
a	4	0	20
b	3	1	10
c	2	2	0
d	0	3	60

解 设用方案 a, b, c, d 下料使用的圆钢根数分别为 x_1、x_2、x_3、x_4,余料总长为 L 厘米,据题意上述问题的数学模型为

$$\min L = 20x_1 + 10x_2 + 60x_4$$

$$\text{s. t.}\begin{cases} x_1 + x_2 + x_3 + x_4 = 500 \\ 8x_1 + 3x_2 - 2x_3 - 9x_4 = 0(\text{成套约束}) \\ x_j \geqslant 0\ (j = 1, 2, 3, 4) \end{cases}$$

成套约束可通过如下方法得出:由于每套由 70 厘米 3 根、8 厘米 2 根组成,所以

$$(4x_1 + 3x_2 + 2x_3) : (x_2 + 2x_3 + 3x_4) = 3 : 2$$

于是有 $8x_1 + 3x_2 - 2x_3 - 9x_4 = 0$

习 题 12-2

1. 某工厂在计划期内要安排生产甲、乙 2 种产品,已知生产单位产品所需的设备台数及原材料的消耗量,如表 12-8 所示。该工厂每生产 1 件甲产品可获利润 2 万元,每生产 1 件 B 产品可获利润 3 万元,问如何安排生产计划使工厂获得利润最大?

表 12-8 所需的设备台数及原材料消耗量

资源 \ 产品	甲	乙	资源限量
设备(台)	1	1	10
原材料(千克)	3	2	25

解 设生产甲、乙 2 种产品各 x_1, x_2 件,得线性规划问题:

$$\max L = 2x_1 + 3x_2$$

$$\text{s. t.}\begin{cases} x_1 + x_2 \leqslant 10 \\ 3x_1 + 2x_2 \leqslant 25 \\ x_1,\ x_2 \geqslant 0 \end{cases}$$

用计算机求解,得最优解为 $x_1 = 5$ 件,$x_2 = 5$ 件,最优值 $L = 25$ 万元。

注:本题也可用图解法解。

2. 某工厂计划做100套钢架，需要用长度分别为2.9米、2.1米和1.5米的圆钢各1根，已知可做原料使用的圆钢每根长7.4米，问应如何下料才能使所用原料最省？

解 下料的方法如表12－9所示。

表12－9 下料的方法

长度(米) \ 方案	Ⅰ	Ⅱ	Ⅲ	Ⅳ	Ⅴ
2.9	1	2	0	1	0
2.1	0	0	2	2	1
1.5	3	1	2	0	3
余料(米)	0	0.1	0.2	0.3	0.8

设按方案Ⅰ、Ⅱ、Ⅲ、Ⅳ、Ⅴ下料的原材料根数分别为x_1，x_2，x_3，x_4，x_5，得线性规划问题：

$$\min L = x_1 + x_2 + x_3 + x_4 + x_5$$

$$\begin{cases} x_1 + 2x_2 + x_4 \geqslant 100 \\ 2x_3 + 2x_4 + x_5 \geqslant 100 \\ 3x_1 + x_2 + 2x_3 + 3x_5 \geqslant 100 \\ x_1,\ x_2,\ x_3,\ x_4,\ x_5 \geqslant 0,\text{且为整数} \end{cases}$$

用计算机求解，得最优解为：$x_1 = 30$根，$x_2 = 10$根，$x_3 = 0$根，$x_4 = 50$根，$x_5 = 0$根，最优值$L = 90$米。

该问题也可归为如下线性规划问题：

$$\min L = 0.1x_2 + 0.2x_3 + 0.3x_4 + 0.8x_5$$

$$\text{s.t.}\begin{cases} x_1 + 2x_2 + x_4 \geqslant 100 \\ 2x_3 + 2x_4 + x_5 \geqslant 100 \\ 3x_1 + x_2 + 2x_3 + 3x_5 \geqslant 100 \\ x_1,\ x_2,\ x_3,\ x_4,\ x_5 \geqslant 0,\text{且为整数} \end{cases}$$

3. 某班准备从5名游泳队员中选择4人组成接力队，参加学校的4×100米混合泳接力比赛，5名队员4种泳姿的百米平均成绩(单位：秒)如表12－10所示，问应如何选拔队员组成接力队？

表 12-10　百米平均成绩　　单位：秒

队员＼泳姿	B_1	B_2	B_3	B_4	B_5
A_1（蝶泳）	66.8	57.2	78.0	70.0	67.4
A_2（仰泳）	75.6	66.0	67.8	74.2	71.0
A_3（蛙泳）	87.0	66.4	84.6	69.6	83.8
A_4（自由泳）	58.6	53.0	59.4	57.2	62.4

解　设

$$x_{ij}=\begin{cases}1, & B_j \text{ 参加泳姿 } A_i \text{ 比赛}\\ 0, & B_j \text{ 不参加泳姿 } A_i \text{ 比赛}\end{cases}$$

得线性规划问题：

$$\begin{aligned}\min L = {} & 66.8x_{11}+57.2x_{12}+78x_{13}+70x_{14}+67.4x_{15}+\\ & 75.6x_{21}+66x_{22}+67.8x_{23}+74.2x_{24}+71x_{25}+87x_{31}+\\ & 66.4x_{32}+84.6x_{33}+69.6x_{34}+83.8x_{35}+58.6x_{41}+\\ & 53x_{42}+59.4x_{43}+57.2x_{44}+62.4x_{45}\end{aligned}$$

$$\text{s. t.}\begin{cases}x_{i1}+x_{i2}+x_{i3}+x_{i4}+x_{i5}=1 & i=1,2,3,4\\ x_{1j}+x_{2j}+x_{3j}+x_{4j}\leqslant 1, & j=1,2,3,4,5\\ x_{ij}=0 \text{ 或 } x_{ij}=1\end{cases}$$

用计算机求解，得

$x_{12}=x_{23}=x_{34}=x_{41}=1$，其余 $x_{ij}=0$，最优值 $L=253.2$ 秒

习　题　12-3

1. 用图解法求解下列线性规划问题。

(5) $\max L=3x_1+6x_2$

$$\text{s. t.}\begin{cases}x_1-x_2\geqslant -2\\ x_1+2x_2\leqslant 6\\ x_i\geqslant 0\ (j=1,2)\end{cases}$$

解 如图 12-2 所示,作出可行域 K,作出向量$\overrightarrow{OC}$。

直线族 $L=3x_1+6x_2$ 沿目标函数值增大方向移动,最后一条与 K 相交的直线 l 过 A_1, A_2 两点,所以线段 A_1A_2 上的所有点的坐标均为该问题的最优解,最优值 $L=18$。

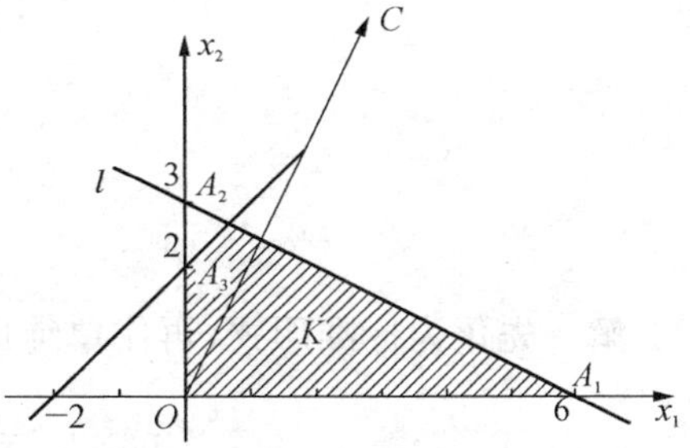

图 12-2 第(5)题图

2. 制作工艺品甲,每件需用铜 1 千克、铁 2 千克;制作工艺品乙,每件需用铜 2 千克、铁 3 千克。现有铜 7 千克、铁 12 千克,若规定制作乙不得少于 2 件,试问甲、乙工艺品各制作多少件时工艺品的总件数最多?

解 设制作工艺品甲 x_1 件、乙 x_2 件,总件数为 L。由题意得上述问题的数学模型为

$$\max L=x_1+x_2$$

$$\text{s.t.}\begin{cases}x_1+2x_2\leqslant 7\\2x_1+3x_2\leqslant 12\\x_2\geqslant 2\\x_j\geqslant 0\ (j=1,\ 2)\end{cases}$$

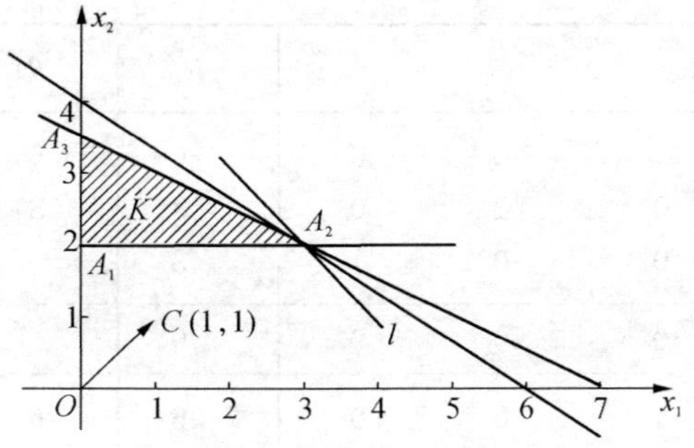

图 12-3 第 2 题图

如图 12-3 所示,作出可行域 K,作出向量$\overrightarrow{OC}(1,\ 1)$。

直线族 $L=x_1+x_2$ 沿 L 值增大方向移动,最后一条与 K 相交的直线 l 过点 A_2。

A_2 的坐标可由$\begin{cases}x_1+2x_2=7\\x_2=2\end{cases}$解得,为 $x_1=3$, $x_2=2$,最优值 $L=5$,所以制作工艺品甲 3 件、乙 2 件时,总件数最多,为 5 件。

习 题 12-4

3. 用单纯形法求解下列线性规划问题。

$$(1)\ \max L = 3x_1 + 3x_2$$

$$\text{s. t.}\begin{cases} x_1 + x_2 \leqslant 6 \\ x_1 + 2x_2 \leqslant 8 \\ x_2 \leqslant 3 \\ x_1,\ x_2 \geqslant 0 \end{cases}$$

解 先化为标准形式,再作单纯形表如表 12 - 11 所示。

$$\max L = 3x_1 + 3x_2$$

$$\text{s. t.}\begin{cases} x_1 + x_2 + x_3 = 6 \\ x_1 + 2x_2 + x_4 = 8 \\ x_2 + x_5 = 3 \\ x_j \geqslant 0\ (j = 1,\ 2,\ \cdots,\ 5) \end{cases}$$

表 12 - 11 单 纯 形 表

轮次	X_B	x_1	x_2	x_3	x_4	x_5	b	θ
初始	x_3	[1]	1	1	0	0	6	6
	x_4	1	2	0	1	0	8	8
	x_5	0	1	0	0	1	3	—
	$-L$	3	3	0	0	0	0	
迭代一	x_1	1	1	1	0	0	6	6
	x_4	0	[1]	−1	1	0	2	2
	x_5	0	1	0	0	1	3	3
	$-L$	0	0	−3	0	0	−18	
迭代二	x_1	1	0	2	−1	0	4	
	x_2	0	1	−1	1	0	2	
	x_5	0	0	1	−1	1	1	
	$-L$	0	0	−3	0	0	−18	

由迭代一已经可以看出,本题最优解为 $X = (6,\ 0)^T$,最优值为 $L = 18$。

注意 初始表中最大正检验数 3 对应的变量有 2 个,可任选其一作为进基变量,这里选的是 x_1。若选 x_2 为进基变量则先得另一个最优解为 $X = (4,\ 2)^T$。

复习题十二

2. 用图解法求解线性规划问题。

(2) $\min L = 2x_1 + x_2$

$$\text{s. t.}\begin{cases} 2x_1 + x_2 \geqslant 2 \\ x_1 + 3x_2 \geqslant 3 \\ x_1,\ x_2 \geqslant 0 \end{cases}$$

解 在 x_1Ox_2 坐标系中作出可行域 K，如图 12－4 所示。

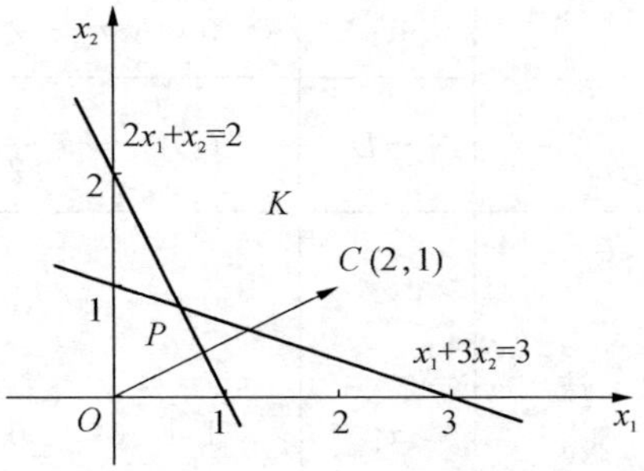

图 12－4 第 2 题图

取点 $C(2,\ 1)$，作出向量$\overrightarrow{OC}$，目标函数的直线沿$\overrightarrow{OC}$的反向移动，最后与点 P 相交，解方程组：

$$\begin{cases} 2x_1 + x_2 = 2 \\ x_1 + 3x_2 = 3 \end{cases}$$

得最优解为 $x_1 = \dfrac{3}{5}$，$x_2 = \dfrac{4}{5}$，最优值 $L = 2$。

3. 用单纯形法求解线性规划问题。

(1) $\max L = 2x_1 + x_2$

$$\text{s. t.}\begin{cases} 4x_1 + 3x_2 \leqslant 12 \\ 4x_1 + x_2 \leqslant 8 \\ 4x_1 - x_2 \leqslant 8 \\ x_j \geqslant 0\ (j = 1,\ 2) \end{cases}$$

解 先化为标准形式再作单纯形表如表 12－12 所示。

$$\max L = 2x_1 + x_2$$

$$\begin{cases} 4x_1 + 3x_2 + x_3 = 12 \\ 4x_1 + x_2 + x_4 = 8 \\ 4x_1 - x_2 + x_5 = 8 \\ x_j \geqslant 0\ (j = 1,\ 2,\ \cdots,\ 5) \end{cases}$$

表 12 - 12 单 纯 形 表

轮次	X_B	x_1	x_2	x_3	x_4	x_5	b	θ
初始	x_3	4	3	1	0	0	12	3
	x_4	[4]	1	0	1	0	8	2
	x_5	4	−1	0	0	1	8	2
	$-L$	2	1	0	0	0	0	
迭代一	x_3	0	[2]	1	−1	0	4	2
	x_1	1	$\frac{1}{4}$	0	$\frac{1}{4}$	0	2	8
	x_5	0	−2	0	−1	1	0	—
	$-L$	0	$\frac{1}{2}$	0	$-\frac{1}{2}$	0	−4	
迭代二	x_2	0	1	$\frac{1}{2}$	$-\frac{1}{2}$	0	2	
	x_1	1	0	$-\frac{1}{8}$	$\frac{3}{8}$	0	$\frac{3}{2}$	
	x_5	0	0	1	−2	1	4	
	$-L$	0	0	$-\frac{1}{4}$	$-\frac{1}{4}$	0	−5	

所以本题的最优解为 $x_1 = \dfrac{3}{2}$，$x_2 = 2$，最优值 $L = 5$。

注意　当选择出基变量时，出现不止一个最小比值的情况，则可任选其一，如表 12 - 12 初始单纯形表中最小比值为 2，有 2 个，对应的变量为 x_4 和 x_5，可任选一个出基变量。这里选的是 x_4。

第四节　测试题及其解答

一、测 试 题

1. 填空题。

(1) 某铸造厂生产的铸件每件至少需要 20 千克铅、24 千克铜和 29 千克铁。现有 3 种矿石可供选购，它们每千克含有的成分及价格如表 12－13 所示。

表 12－13　矿石每千克所含成分

成分 / 矿石	铅	铜 （千克）	铁	价格(元/千克)
A	0.1	0.2	0.05	15
B	0.3	0.2	0.2	30
C	0.3	0.1	0.2	20

如何选购才使总费用最省？该问题的数学模型为________，化为标准形式为________。

(2) 由表

X_B	x_1	x_2	x_3	x_4	b
x_2	0	1	$\frac{1}{2}$	$-\frac{1}{2}$	2
x_1	1	0	-1	2	1
$-L$	0	0	$-\frac{3}{2}$	$-\frac{3}{2}$	18

可知：最优解 $X=$________，最优值 $L=$________。

2. 运输问题。某物资由发点 A_1，A_2，A_3 运输到收点 B_1，B_2，B_3。各发点的物资发出量、各收点的物资收量及单位价如表 12－14 所示。

表 12－14　物资发出量、收量及单位运价

收点 / 发点	B_1	B_2	B_3	发出量
A_1	1	2	6	7
A_2	0	4	2	12
A_3	3	1	5	11
收量	10	10	10	30

求：使总运费最少的调运方案。

3. 某公司要派 4 名推销员 A_1，A_2，A_3，A_4 去 4 个地区 B_1，B_2，B_3，B_4 推销商品，每个推销员在每一地区所能获得的利润估计值如表 12－15 所示。

表 12-15 利润估计值

推销员 \ 利润 \ 地区	B_1	B_2	B_3	B_4
A_1	35	27	28	37
A_2	28	34	29	40
A_3	35	24	32	33
A_4	24	32	25	28

问：如何分派才能使总利润最大？

4. 用图解法解线性规划问题。

$$\max L = \frac{1}{2}x_1 + x_2$$

$$\begin{cases} x_1 + x_2 \leqslant 3 \\ x_1 + 3x_2 \leqslant 6 \\ x_1 \geqslant 0,\ x_2 \geqslant 0 \end{cases}$$

5. 用单纯形法解线性规划问题。

$$\min L = -2x_1 + x_2 - x_3$$

$$\begin{cases} 3x_1 + x_2 + x_3 \leqslant 60 \\ x_1 - x_2 + 2x_3 \leqslant 10 \\ x_1 + x_2 - x_3 \leqslant 20 \\ x_j \geqslant 0\ (j = 1,\ 2,\ 3) \end{cases}$$

二、测试题解答

1. (1) $\min L = 15x_1 + 30x_2 + 20x_3$

$$\begin{cases} 0.1x_1 + 0.3x_2 + 0.3x_3 \geqslant 20 \\ 0.2x_1 + 0.2x_2 + 0.1x_3 \geqslant 24 \\ 0.05x_1 + 0.2x_2 + 0.2x_3 \geqslant 29 \\ x_j \geqslant 0\ (j = 1,\ 2,\ 3) \end{cases}$$

$$\max L' = -15x_1 - 30x_2 - 20x_3$$

$$\begin{cases} 0.1x_1 + 0.3x_2 + 0.3x_3 - x_4 \quad = 20 \\ 0.2x_1 + 0.2x_2 + 0.1x_3 \quad - x_5 = 24 \\ 0.05x_1 + 0.2x_2 + 0.2x_3 \quad - x_5 = 29 \\ x_j \geqslant 0\ (j = 1, 2, \cdots, 6) \end{cases}$$

(2) $(1, 2, 0, 0)^T$, -18

2. 设物质从发点 A_i 运输到收点 B_j 的量为 x_{ij}（i, j=1, 2, 3），得如下线性规划问题：

$$\min L = x_{11} + 2x_{12} + 6x_{13} + 4x_{22} + 2x_{23} + 3x_{31} + x_{32} + 5x_{33}$$

$$\text{s.t.} \begin{cases} x_{11} + x_{12} + x_{13} = 7 \\ x_{21} + x_{22} + x_{23} = 12 \\ x_{31} + x_{32} + x_{33} = 11 \\ x_{11} + x_{21} + x_{31} = 10 \\ x_{12} + x_{22} + x_{32} = 10 \\ x_{13} + x_{23} + x_{33} = 16 \\ x_{ij} \geqslant 0,\ i, j = 1, 2, 3 \end{cases}$$

用计算机解，得解为：

$$x_{11} = 7 \quad x_{12} = 0 \quad x_{13} = 0$$
$$x_{21} = 3 \quad x_{22} = 0 \quad x_{23} = 9$$
$$x_{31} = 0 \quad x_{32} = 10 \quad x_{33} = 1$$

最优值 $L = 40$。

3. 设 $x_{ij} = \begin{cases} 1, & A_i \text{ 到 } B_j \text{ 推销商品} \\ 0, & A_i \text{ 不到 } B_j \text{ 推销商品} \end{cases}$

得如下线性规划问题：

$$\max L = 35x_{11} + 27x_{12} + 28x_{13} + 37x_{14} + 28x_{21} + 34x_{22} + 29x_{23} + 46x_{24} + 35x_{31} + 24x_{32} + 32x_{33} + 33x_{34} + 24x_{41} + 32x_{42} + 25x_{43} + 28x_{44}$$

$$\begin{cases}x_{11}+x_{12}+x_{13}+x_{14}=1\\x_{21}+x_{22}+x_{23}+x_{24}=1\\x_{31}+x_{32}+x_{33}+x_{34}=1\\x_{41}+x_{42}+x_{43}+x_{44}=1\\x_{11}+x_{21}+x_{31}+x_{41}=1\\x_{12}+x_{22}+x_{32}+x_{42}=1\\x_{13}+x_{23}+x_{33}+x_{43}=1\\x_{14}+x_{24}+x_{34}+x_{44}=1\\x_{ij}=0\text{ 或 }1,\ i,\ j=1,\ 2,\ 3,\ 4\end{cases}$$

用计算机解，得解为：$x_{11}=x_{24}=x_{33}=x_{42}=1$，其余 $x_{ij}=0$，即派 A_1 去 B_1，A_2 去 B_4，A_3 去 B_3，A_4 去 B_2，此时总利润最大，为 $L=139$。

4．如图 12－5 所示，作出可行域 K、向量 $\overrightarrow{OC}\left(\frac{1}{2},\ 1\right)$，由$\begin{cases}x_1+x_2=3\\x_1+3x_2=6\end{cases}$解得 A_2 的坐标为$\left(\frac{3}{2},\ \frac{3}{2}\right)$，所以最优解为 $x_1=\frac{3}{2}$，$x_2=\frac{3}{2}$，最优值为 $L=\frac{1}{2}\times\frac{3}{2}+\frac{3}{2}=\frac{9}{4}$。

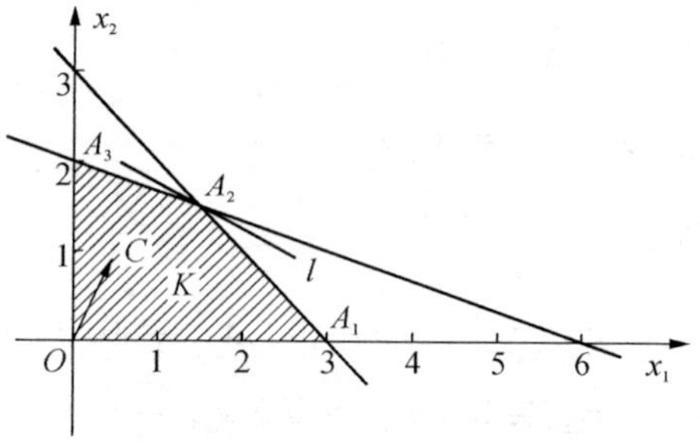

图 12－5　第 4 题图

5．先化为标准形式再作单纯形表如表 12－16 所示。

$$\max L'=2x_1-x_2+x_3$$

$$\begin{cases}3x_1+x_2+\ \ x_3+x_4 \qquad\qquad =60\\ \ x_1-x_2+2x_3 \qquad +x_5 \qquad =10\\ \ x_1+x_2-\ \ x_3 \qquad\qquad +x_6=20\\x_j\geqslant 0\ (j=1,\ 2,\ \cdots,\ 6)\end{cases}$$

表 12-16 单纯形表

轮次	X_B	x_1	x_2	x_3	x_4	x_5	x_6	b	θ
初始	x_4	3	1	1	1	0	0	60	20
	x_5	[1]	−1	2	0	1	0	10	10
	x_6	1	1	−1	0	0	1	20	20
	$-L'$	2	−1	1	0	0	0	0	
迭代一	x_4	0	4	−5	1	−3	0	30	$\frac{15}{2}$
	x_1	1	−1	2	0	1	0	10	—
	x_6	0	[2]	−3	0	−1	1	10	5
	$-L'$	0	1	−3	0	−2	0	−20	
迭代二	x_4	0	0	1	1	−1	−1	−2	10
	x_1	1	0	$\frac{1}{2}$	0	$\frac{1}{2}$	$\frac{1}{2}$	15	
	x_2	0	1	$-\frac{3}{2}$	0	$-\frac{1}{2}$	$\frac{1}{2}$	5	
	$-L'$	0	0	$-\frac{3}{2}$	0	$-\frac{3}{2}$	$-\frac{1}{2}$	−25	

所以，最优解为 $X=(15, 5, 0)^T$，最优值 $L=-25$。

第十三章　随机事件与概率

第一节　内 容 提 要

1. 两个计数原理

(1) 加法原理。设完成某件事可用 n 类方法，第一类中有 m_1 种方法，第二类中有 m_2 种方法……第 n 类中有 m_n 种方法，则完成该件事共有 $m_1+m_2+\cdots+m_n$ 种不同方法。

(2) 乘法原理。设完成某件事需经过 n 个步骤，第一步可用 m_1 种方法，第二步可用 m_2 种方法……第 n 步可用 m_n 种方法，则完成该件事共有 $m_1\cdot m_2\cdot\cdots\cdot m_n$ 种不同方法。

加法原理与分类有关，用各类方法中的每一种方法均可完成该件事。乘法原理与分步有关，用相应的方法完成每一个步骤才能完成该件事。

2. 排列与组合

(1) 排列。从 n 个不同元素中任取 m 个元素按一定的次序排成一列，所得结果称为一个排列，所有不同排列的总数称为排列数，记为 P_n^m，则

$$P_n^m=\frac{n!}{(n-m)!}$$

(2) 组合。从 n 个不同元素中任取 m 个元素，所得结果称为一个组合，所有不同组合的总数称为组合数，记为 C_n^m，则

$$C_n^m=\frac{n!}{m!(n-m)!}$$

排列问题不仅考虑元素的不同取法，还必须考虑所取出元素的不同排列次序。组合问题仅考虑元素的不同取法。

3. 随机试验与随机事件

具有以下特征的试验称为随机试验，简称试验。

(1) 试验可以在相同的条件下重复进行。

(2) 每次试验的可能结果不止一个，并且事先知道试验的所有可能结果。

(3) 每次试验之前不能确定哪一个结果会出现。

在随机试验中可能发生，也可能不发生的结果称为随机事件，简称事件，用大写的英文字母 A,B,C 等表示。

在一次试验中，不能再分解的事件称为基本事件或样本点。由全体样本点组成的集合称为随机试验的样本空间，记为 Ω。

Ω 为必然事件，Φ 为不可能事件。

4. 事件间的关系与运算

事件间的关系：

(1) 事件的包含。如果事件 A 发生必然导致事件 B 发生，则称事件 B 包含事件 A，记作 $A\subset B$，或 $B\supset A$。

(2) 事件的相等。如果事件 A 与事件 B 相互包含，即 $A\subset B, B\subset A$，则称事件 A 与事件 B 相等，记作 $A=B$。

(3) 事件的和。事件 A 与事件 B 中至少有一个发生所构成的事件，称为事件 A 与事件 B 的和(并)事件，记作 $A\cup B$。

(4) 事件的积。事件 A 与事件 B 同时发生所构成的事件，称为事件 A 与事件 B 的积(交)事件，记作 AB。

(5) 事件的差。事件 A 发生且事件 B 不发生所构成的事件，称为事件 A 与事件 B 的差事件，记作 $A-B$。

(6) 事件的互斥。如果事件 A 与事件 B 不可能同时发生，即 $AB=\Phi$，则称事件 A 与事件 B 互斥(互不相容)。

(7) 事件的对立。如果事件 A 与事件 B 满足 $A\cup B=\Omega$, $AB=\Phi$，则称事件 A 与事件 B 对立(互逆)，并称事件 B 是事件 A 的对立事件(逆事件)，B 称为 A 的对立事件，记为 $\overline{A}$，即 $\overline{A}=B$。

事件的运算满足以下运算律：

(1) 交换律：$A\cup B=B\cup A$, $AB=BA$。

(2) 结合律：$(A\cup B)\cup C=A\cup(B\cup C)$, $(AB)C=A(BC)$。

(3) 分配律：$(A\cup B)C=(AC)\cup(BC)$, $(AB)\cup C=(A\cup C)(B\cup C)$。

(4) 对偶律：$\overline{A\cup B}=\overline{A}\overline{B}$, $\overline{AB}=\overline{A}\cup\overline{B}$。

5. 随机事件的概率与频率

随机事件 A 在一次试验中发生的可能性大小的数值表示，称为事件 A 的概率，记作 $P(A)$。

在 n 次重复试验中，事件 A 的发生次数与试验次数之比，称为事件 A 发生的频率，记作 $f_n(A)$。

概率的统计定义：在相同条件下进行重复试验，随着试验次数 n 的增加，事件 A 发生的频率 $f_n(A)$ 将会逐渐稳定地在某个数值 p 附近摆动。并且一般说来，试验的次数越多，摆动的幅度越小，则称数值 p 为事件的概率，记为 $P(A)$。

对任意事件 A，有 $0 \leqslant P(A) \leqslant 1$。特别地，对必然事件 Ω 和不可能事件 Φ，有 $P(\Omega) = 1$，$P(\Phi) = 0$。

6. 古典概型

具有以下特征的随机试验称为古典概型。

(1) 试验的样本空间由有限个样本点组成，可表示为 $\Omega = \{\omega_1, \omega_2, \cdots, \omega_n\}$。

(2) 每次试验中各样本点出现的可能性相同，即 $P(\omega_1) = P(\omega_2) = \cdots = P(\omega_n)$。

在古典概型中，如果样本空间 Ω 所含的样本点个数为 n，事件 A 所含的样本点个数为 m，则事件 A 的概率为

$$P(A) = \frac{\text{事件 } A \text{ 所含的样本点个数}}{\text{样本空间 } \Omega \text{ 所含的样本点个数}} = \frac{m}{n}$$

7. 概率的加法公式

加法公式：对任意两个事件 A, B，有 $P(A \cup B) = P(A) + P(B) - P(AB)$。

由加法公式可得如下结果：

(1) 如果事件 A 与事件 B 互斥，即 $AB = \Phi$，则 $P(A \cup B) = P(A) + P(B)$。

(2) 如果 n 个事件 $A_1, A_2, \cdots, A_n$ 两两互斥，即 $A_iA_j = \Phi\ (i \neq j)$，则 $P(A_1 \cup A_2 \cup \cdots \cup A_n) = P(A_1) + P(A_2) + \cdots + P(A_n)$。

(3) 对任意事件 A 的逆事件 $\overline{A}$，有 $P(\overline{A}) = 1 - P(A)$。

(4) 对任意两个事件 A, B，有 $P(A - B) = P(A) - P(AB)$。

8. 概率的乘法公式

(1) 条件概率。设 A, B 为两个事件，且 $P(A) > 0$。在事件 A 发生的条件下，事件 B 的概率称为条件概率，记为 $P(B|A)$，且

$$P(B \mid A) = \frac{P(AB)}{P(A)}$$

(2) 乘法公式。对任意两个事件 A, B，当 $P(A) > 0$ 或 $P(B) > 0$ 时，分别有

$$P(AB) = P(A)P(B \mid A) \quad \text{或} \quad P(AB) = P(B)P(A \mid B)$$

9. 事件的独立性

如果两个事件 A, B 满足 $P(AB)=P(A)P(B)$，则称事件 A 与事件 B 相互独立。

当事件 A 与事件 B 相互独立时，则 A 与 $\overline{B}$，$\overline{A}$ 与 B、$\overline{A}$ 与 $\overline{B}$ 也相互独立。

如果 n 个事件 A_1, A_2, $\cdots$, A_n 中的任何一个事件 $A_i(1\leqslant i\leqslant n)$ 的概率均不受其他 $n-1$ 个事件发生的影响，则称事件 A_1, A_2, $\cdots$, A_n 相互独立，此时有

$$P(A_1A_2\cdots A_n)=P(A_1)P(A_2)\cdots P(A_n)$$

10. 贝努里试验

在相同条件下重复进行 n 次试验，如果每次试验只有两种可能结果，并且各次试验的结果相互独立，则该试验称为 n 重贝努里试验。

设每次试验的结果为事件 A 发生或事件 $\overline{A}$ 发生，且 $P(A)=p$，则在 n 重贝努里试验中，事件 A 恰好发生 k 次的概率为

$$P_n(k)=C_n^kp^k(1-p)^{n-k}\quad(k=0,1,2,\cdots,n)$$

第二节 例题分析

【例 1】 盒中有 3 个黑球，4 个白球，5 个红球。问从盒中任取一球，有几种不同取法？从 3 种颜色的球中各取 1 球，有几种不同取法？

分析 从盒中任取 1 球，可以有取黑球、白球、红球 3 类取法，用各类取法中的每一种取法均可完成要求，可按加法原理计算。从三种颜色的球中各取一球，可分为取黑球、白球、红球三个步骤，用相应取法完成每一个步骤才能完成要求，所以可按乘法原理计算。

解 根据题意可知，黑球有 3 种取法，白球有 4 种取法，红球有 5 种取法。从盒中任取一球的不同取法，按加法原理计算有

$$3+4+5=12(\text{种})$$

从三种颜色的球中各取一球的不同取法，按乘法原理计算有

$$3\times4\times5=60(\text{种})$$

【例 2】 某班共有 20 位学生，如果从班中任选 3 人组队参加辩论赛，有几种不同选法？如果从班中任选 3 人分别参加数学、英语、计算机竞赛，有几种不同选法？

分析 任选 3 人组队参加辩论赛，选出的 3 人共同组成一队，属于组合问题。任选 3 人分别参加数学、英语、计算机竞赛，选出的 3 人在参赛项目上可有不同的安排，属于排列问题。

解 从 20 位学生中任选 3 人组队参加辩论赛的不同选法，应按组合数公式计算，有

$$C_{20}^{3}=\frac{20!}{3!(20-3)!}=\frac{20\times 19\times 18}{3\times 2\times 1}=1\,140(\text{种})$$

从 20 位学生中任选 3 人分别参加数学、英语、计算机知识竞赛的不同选法，应按排列数公式计算，有

$$P_{20}^{3}=\frac{20!}{(20-3)!}=20\times 19\times 18=6\,840(\text{种})$$

【例 3】 在正整数 $1, 2, \cdots, n$ 中任取两个数相加，写出试验的样本空间，并用样本点表示“两数之和为偶数”的事件。

分析 样本空间是随机试验的所有不能分解的可能结果组成的集合，每一个不能分解的可能结果称为一个样本点。两个数相加最小的和是 $1+2=3$，最大的和是 $n+(n-1)=2n-1$，因此所有样本点是 $3, 4, \cdots, 2n-1$。

解 在 $1, 2, \cdots, n$ 中任取两个数相加的结果可取到从 3 到 $2n-1$ 的所有整数，故试验的样本空间为

$$\Omega=\{3, 4, 5, \cdots, 2n-1\}$$

设事件 $A=\{$两数之和为偶数$\}$，则有

$$A=\{4, 6, 8, \cdots, 2n-2\}$$

【例 4】 设 A、B、C 为 3 个事件，试表示下列事件：

(1) A, B, C 中至少有一个发生。

(2) A, B, C 中恰好有一个发生。

(3) A, B, C 中至多有一个发生。

分析 利用事件的并、交、差、逆等运算可以表示比较复杂的事件。

解 对于 A, B, C 3 个事件：

(1)“A, B, C 中至少有一个发生”意味着或者 A 发生，或者 B 发生，或者 C 发生；也可理解为“A, B, C 均不发生”的逆事件，故可表示为

$$A \cup B \cup C \quad 或 \quad \overline{\overline{A}\,\overline{B}\,\overline{C}}$$

(2) “有 A, B, C 中恰好有一个发生”意味着或者 A 发生且 B、C 不发生，或者 B 发生且 A, C 不发生，或者 C 发生且 A, B 不发生，故可表示为

$$A\overline{B}\,\overline{C} \cup \overline{A}B\overline{C} \cup \overline{A}\,\overline{B}C$$

(3) “A, B, C 中至多有一个发生”意味着或者 A, B 不发生，或者 B, C 不发生，或者 A, C 不发生；也可理解为“A, B, C 中至少有两个发生”的逆事件，故可表示为

$$\overline{A}\,\overline{B} \cup \overline{B}\,\overline{C} \cup \overline{A}\,\overline{C} \quad 或 \quad \overline{AB \cup AC \cup BC}$$

【例 5】 将 n 个球任意放入 n 个盒子，每个盒子容纳球的个数不限，求每个盒子恰好放入 1 个球的概率。

分析 此例是古典概型问题，n 个球的每一种放法是试验的一个样本点。

考虑将 n 个球编号后依次放入盒子，每个球可放入 n 个盒子中的任何一个，有 n 种不同放法。根据乘法原理可知，将 n 个球任意放入 n 个盒子，共有 n^n 种不同放法。

在每个盒子恰好放入 1 个球的情况下，n 个球的每一种放法相当于 n 个编号的一种排列，故有 $n!$ 种不同放法。

解 设事件 A={每个盒子恰好放入 1 个球}。样本空间 Ω 所含的样本点个数为 n^n，事件 A 所含的样本点个数为 $n!$，故所求概率为

$$P(A)=\frac{\text{事件 } A \text{ 所含的样本点个数}}{\text{样本空间 } \Omega \text{ 所含的样本点个数}}=\frac{n!}{n^n}$$

【例 6】 在正整数 1, 2, …, 100 中任取一数，求该数能被 2 或 5 整除的概率。

分析 为了便于计算，考虑“能被 2 整除”，“能被 5 整除”的两个简单事件，显然，两个事件的和事件就是“能被 2 或 5 整除”；两个事件的积事件则是“能被 2 与 5 整除”，即“能被 10 整除”，问题为求和事件的概率，可应用加法公式计算。

解 设事件 A={能被 2 整除}，事件 B={能被 5 整除}，则 $A \cup B$={能被 2 或 5 整除}，AB={能被 10 整除}。

在正整数 1, 2, …, 100 中，能被 2 整除的数有 50 个；能被 5 整除的数有 20 个；能被 10 整除的数有 10 个，故任取一数能被 2 或 5 整除的概率为

$$P(A \cup B)=P(A)+P(B)-P(AB)=\frac{50}{100}+\frac{20}{100}-\frac{10}{100}=\frac{3}{5}$$

【例 7】 一批产品共 100 件，其中有 10 件次品。从该批产品中任取 3 件，求至

少取 1 件次品的概率。

分析 任取 3 件产品中,"至少取到 1 件次品"是"取到 1 件次品"、"取到 2 件次品"、"取到 3 件次品"3 个事件的和事件,可应用加法公式计算。由于"至少取到 1 件次品"的逆事件是"取到 3 件正品"。可应用 $P(A)=1-P(\overline{A})$ 来计算。

解法一 设事件 A={至少取到 1 件次品},事件 A_k={取到 k 件次品},则

$$A=A_1\cup A_2\cup A_3$$

且 A_1, A_2, A_3 两两互斥。

从 100 件产品中任取 3 件,共有 C_{100}^3 种取法。其中,取到 1 件次品相当于在 10 件次品中任取 1 件、在 90 件正品中任取 2 件,有 $C_{10}^1C_{90}^2$ 种取法。同理,取到 2 件次品有 $C_{10}^2C_{90}^1$ 种取法,取到 3 件次品有 C_{10}^3 种取法,故

$$P(A)=P(A_1\cup A_2\cup A_3)=P(A_1)+P(A_2)+P(A_3)=$$
$$\frac{C_{10}^1C_{90}^2}{C_{100}^3}+\frac{C_{10}^2C_{90}^1}{C_{100}^3}+\frac{C_{10}^3}{C_{100}^3}=0.273$$

解法二 事件 A={至少取到 1 件次品}的逆事件 $\overline{A}$={取到 3 件正品}。在 90 件正品中任取 3 件,有 C_{90}^3 种取法,故

$$P(A)=1-P(\overline{A})=1-\frac{C_{90}^3}{C_{100}^3}=0.273$$

【例 8】 甲袋中有 2 个白球、1 个黑球,乙袋中有 1 个白球、2 个黑球。从甲袋中任取 1 球放入乙袋,再从乙袋中任取 1 球,求第二次取到白球的概率。

分析 第一次取球可能取到白球,也可能取到黑球。"第二次取到白球"是"第一次取到白球且第二次取到白球"与"第一次取到黑球且第二次取到白球"和事件,其概率需要综合运用加法公式和乘法公式计算。

解 设事件 A={第一次取到白球},事件 B={第二次取到白球},则 $\overline{A}$={第一次取到黑球},AB={第一次取到白球且第二次取到白球},$\overline{A}B$={第一次取到黑球且第二次取到白球}。则 $B=AB\cup\overline{A}B$,其中 AB 与 $\overline{A}B$ 互斥。

在第一次取到白球或第一次取到黑球的条件下,第二次取到白球的条件概率分别为:

$$P(B\mid A)=\frac{2}{4},\ P(B\mid\overline{A})=\frac{1}{4}$$

故第二次取到白球的概率为

$$P(B)=P(AB\cup\overline{A}B)=P(AB)+P(\overline{A}B)=$$
$$P(A)P(B\mid A)+P(\overline{A})P(B\mid\overline{A})=$$
$$\frac{2}{3}\times\frac{2}{4}+\frac{1}{3}\times\frac{1}{4}=\frac{5}{12}$$

【例 9】 某车间共有 9 台机床，每台机床在工作中都是间歇性地开动，平均每小时开动 12 分钟，且各机床的工作状态相互独立。如果供给该车间的电力最多允许 6 台机床同时开动，求发生用电超负荷的概率。

分析 各机床的工作状态相互独立，每台机床在工作中开动的概率相同，故任一时刻观察 9 台机床的工作状态相当于 9 重贝努里试验，发生用电超负荷的情况相当于有 6 台以上机床同时开动。

解 设事件 A={用电超负荷}，事件 A_k={恰有 k 台机床同时开动}，则

$$A=A_7\cup A_8\cup A_9$$

每台机床平均每小时开动 12 分钟，任一时刻每台机床开动的概率为

$$p=\frac{12}{60}=0.2$$

该车间 9 台机床中恰有 k 台同时开动的概率为

$$P(A_k)=C_9^k\times 0.2^k\times 0.8^{9-k}\quad (k=0,1,2,\cdots,9)$$

故发生用电超负荷的概率为

$$P(A)=P(A_7\cup A_8\cup A_9)=P(A_7)+P(A_8)+P(A_9)=$$
$$C_9^7\times 0.2^7\times 0.8^2-C_9^8\times 0.2^8\times 0.8^1-C_9^9\times 0.2^9\times 0.8^0=0.000\,3$$

第三节 习题选解

习 题 13－1

4. 将 4 封信任意投入 3 个邮筒，有几种不同投法。

解 每封信可投入 3 个邮筒中的任何 1 个，有 3 种不同投法。考虑将 4 封信依

次投入邮筒，根据乘法原理，共有

$$3 \times 3 \times 3 \times 3 = 81$$

种不同投法。

5. 将 6 件不同的礼物分给两个人，每人得 3 件，有几种不同分法。

分析 考虑在 6 件礼物中任取 3 件给一个人，余下 3 件给另一个人，则每一种取法对应一种分法，故 6 件礼物共有 C_6^3 种分法。

解 6 件礼物分给 2 个人，共有

$$C_6^3 = \frac{6!}{3!(6-3)!} = 20$$

种不同分法。

6. 某条铁路上有 10 个车站，共需准备几种不同的车票。

分析 考虑在 10 个车站中任选 2 个进行排列，则每一种排列对应一种车票，故 10 个车站共需准备 P_{10}^2 种车票。

解 要准备

$$P_{10}^2 = \frac{10!}{(10-2)!} = 90$$

种不同的车票。

8. 从自然数 1, 2, …, 10 中任取 2 个数，要使其和为奇数，有几种不同取法。要使其和为偶数，有几种不同取法。

解 在 1, 2, …, 10 中有 5 个奇数，5 个偶数。要使取出的两个数之和为奇数，可先在 5 个奇数中任取 1 个，再在 5 个偶数中任取 1 个，根据乘法原理，共有

$$C_5^1 C_5^1 = 5 \times 5 = 25$$

种不同取法。

要使取出的 2 个数之和为偶数，可以在 5 个奇数中任取 2 个，或者在 5 个偶数中任取 2 个，根据加法原理，共有

$$C_5^2 + C_5^2 = 10 + 10 = 20$$

种不同取法。

习 题 13－2

2. 根据下列各关系式，判断事件 A 与事件 B 的关系。

(1) $A \cup B = A$。(2) $AB = A$。(3) $A - B = A$。(4) $A \cup B = AB$。

解 根据集合的关系与运算，可以推出：

(1) $A \cup B = A \Rightarrow A \cup B \subset A \Rightarrow B \subset A$。

(2) $AB = A \Rightarrow A \subset AB \Rightarrow A \subset B$。

(3) $A - B = A \Rightarrow A - AB = A \Rightarrow AB = \Phi$。

(4) $A \cup B = AB \Rightarrow A \subset AB,\ B \subset AB \Rightarrow A \subset B,\ B \subset A \Rightarrow A = B$。

4. 从某系学生中任选一名，记"选出的是男生"为事件 A，"选出的是三年级学生"为事件 B，"选出的是运动员"为事件 C，试解释下列各式的意义：

(1) $AB\overline{C}$。(2) $\overline{A \cup B}$。(3) $\overline{A}C = \Phi$。(4) $C \subset B$。

分析 根据事件及运算的意义来分析。

解 (1) $AB\overline{C}$ 表示选出的是男生，且是三年级学生，不是运动员。

(2) $\overline{A \cup B} = \overline{A}\overline{B}$ 表示选出的是女生，且不是三年级学生。

(3) $\overline{A}C = \Phi$ 表示不可能选出既是女生又是运动员，故女生都不是运动员。

(4) $C \subset B$ 表示选出的运动员一定是三年级学生，故运动员都是三年级学生。

习 题 13-3

2. 将一部五卷文集任意摆放在书架上，求下列事件的概率。

(1) 各卷自左至右或自右至左排成自然数顺序。

(2) 第三卷排在正中。

分析 五卷文集以任意次序摆放，共有 P_5^5 种不同排法，每一种摆放出现的可能性相同，所以这个试验是古典概型。样本点个数为 P_5^5，只要求出事件 A 所含的样本点，就可求出概率 $P(A)$。

解 五卷文集任意摆放在书架上共有 P_5^5 种放法。

(1) 设事件 A={各卷自左至右或自右至左排成自然数顺序}，则事件 A 发生相当于文集依卷号 1, 2, 3, 4, 5 或 5, 4, 3, 2, 1 摆放，有 2 种不同排法，故

$$P(A) = \frac{2}{P_5^5} = \frac{1}{60}$$

(2) 设事件 B={第三卷排在正中}，则事件 B 发生相当于文集的第三卷摆在正中，其余四卷在左右各两个位置上任意摆放，有 P_4^4 种不同排法，故

$$P(B)=\frac{P_4^4}{P_5^5}=\frac{1}{5}$$

3. 从 52 张扑克牌中任取 13 张，求下列事件的概率。

(1) 所取牌中有 5 张黑桃，4 张红心，3 张草花，1 张方块。

(2) 所取牌中有 4 张 A。

分析 从 52 张扑克牌中任取 13 张试验，共有 C_{52}^{13}种不同取法，且每一种取法发生的可能性相同，所以该试验是古典概型，按古典概型计算事件的概率。

解 从 52 张扑克牌中任取 13 张，共有 C_{52}^{13}种不同取法，即样本空间所含的样本点个数为 C_{52}^{13}。

(1) 设事件 A={所取牌中有 5 张黑桃，4 张红心，3 张草花，1 张方块}，则事件 A 发生相当于分别在 13 张黑桃中任取 5 张、在 13 张红心中任取 4 张、在 13 张草花中任取 3 张、在 13 张方块中任取 1 张，有 $C_{13}^5C_{13}^4C_{13}^3C_{13}^1$种不同取法，故

$$P(A)=\frac{C_{13}^5C_{13}^4C_{13}^3C_{13}^1}{C_{52}^{13}}=0.005\,4$$

(2) 设事件 B={所取牌中有 4 张 A}，则事件 B 发生相当于分别在 4 张 A 中任取 4 张，在其余 48 张牌中任取 9 张，有 $C_4^4C_{48}^9$种不同取法，故

$$P(B)=\frac{C_4^4C_{48}^9}{C_{52}^{13}}=0.002\,6$$

4. 袋内有 5 个白球和 6 个黑球，从中每次任取一球，求在下列两种情况下，第 3 次取到白球的概率。

(1) 每次取球后放回。

(2) 每次取球后不放回。

分析 该试验是古典概型，可按此计算概率。

解 设事件 A={第 3 次取到白球}。将袋内的 11 个球视作各不相同。

(1) 在有放回的情况下，第三次取球时袋内仍有 5 个白球和 6 个黑球，从中任取 1 球共有 C_{11}^1种不同取法，取到白球有 C_5^1 种不同取法，故

$$P(A)=\frac{C_5^1}{C_{11}^1}=\frac{5}{11}$$

(2) 在无放回的情况下，考虑从 11 个球中任取 3 球排成一列，共有 P_{11}^3种不同排

法。第三次取到白球，相当于从 5 个白球中任取 1 球排在第三个位置，从其余 10 个球中任取 2 球排在前两个位置，有 $5P_{10}^{2}$ 种不同排法，故

$$P(A)=\frac{5P_{10}^{2}}{P_{11}^{3}}=\frac{5}{11}$$

习 题 13-4

2. 根据某校图书馆的统计，该校学生中借中文书的占 90%，借外文书的占 40%，既借中文书又借外文书的占 30%，求该校中下列学生所占的百分比。

(1) 只借中文书。(2) 只借一种书。(3) 至少借一种书。(4) 至多借一种书。

分析 设事件 A={借中文书}，事件 B={借外文书}，则 AB={既借中文书又借外文书}。由所给条件这些事件的概率已知，而所涉及的事件是较复杂的事件，但可由这些事件来表示。例如，{只借中文书}$=A-B$，从而可解。

解 对于该校学生，设事件 A={借中文书}，事件 B={借外文书}，则 AB={既借中文书又借外文书}。根据题意，有

$$P(A)=0.9,\ P(B)=0.4,\ P(AB)=0.3$$

(1) 设 C={只借中文书}，则 $C=A-B$，故只借中文书的学生百分比为

$$P(C)=P(A-B)=P(A)-P(AB)=0.9-0.3=60\%$$

(2) 设 D={只借 1 种书}，则 $D=A\cup B-AB$，故只借 1 种书的学生百分比为

$$P(D)=P(A\cup B)-P(AB)=P(A)+P(B)-2P(AB)=$$
$$0.9+0.4-2\times0.3=70\%$$

(3) 设 E={至少借 1 种书}，则 $E=A\cup B$，故至少借 1 种书的学生百分比为

$$P(E)=P(A\cup B)=P(A)+P(B)-P(AB)=$$
$$0.9+0.4-0.3=100\%$$

(4) 设 F={至多借 1 种书}，则 $F=\overline{AB}$，故至多借 1 种书的学生百分比为

$$P(F)=P(\overline{AB})=1-P(AB)=1-0.3=70\%$$

3. 某班有 50 名学生，求下列事件的概率。

(1) 所有学生的生日互不相同。

(2) 至少有两名学生的生日相同。

分析 考虑学生的生日排列,每个学生的生日均可能是1年中的任何1天。故50名学生的生日相当于在365天中可重复地任选50天,共有365^{50}种不同排列。则50名学生不同的生日相当于在365天中不重复地任选50天,有P_{365}^{50}种不同排列,第(1)题可解。至于第(2)题,应用$P(A)=1-P(\overline{A})$来解。

解 (1) 设事件A={所有学生的生日互不相同},样本空间所含的样本点个数是365^{50},事件A所含的样本点数是P_{365}^{50},则

$$P(A)=\frac{P_{365}^{50}}{365^{50}}=0.03$$

(2) 设事件B={至少有2名学生的生日相同},则$B=\overline{A}$,故

$$P(B)=P(\overline{A})=1-P(A)=1-0.03=0.97$$

5. 某元件的使用寿命达到2万小时的概率为0.8,达到3万小时的概率为0.5,如果该元件的使用寿命已经达到2万小时,求可达到3万小时的概率。

分析 此题所求的是在元件的使用寿命已达到2万小时的条件下,再达到3万小时的条件概率,可根据条件概率的定义计算。

解 设事件A={使用寿命达到2万小时},事件B={使用寿命达到3万小时},则$B\subset A$,故$AB=B$。根据条件概率的定义,有

$$P(B\mid A)=\frac{P(AB)}{P(A)}=\frac{P(B)}{P(A)}=\frac{0.5}{0.8}=0.625$$

6. 投掷2枚骰子,已知2枚骰子的点数之和为7,求其中有1枚骰子的点数为1的概率。

分析 本题所求的是在2枚骰子点数之和为7的条件下,其中有1枚骰子点数为1的条件概率。

解 设事件A={2枚骰子点数之和为7},事件B={有1枚骰子点数为1}。在事件A发生的条件下,2枚骰子的点数情况共有6个样本点:

$$(1,\ 6),(2,\ 5),(3,\ 4),(4,\ 3),(5,\ 2),(6,\ 1)$$

其中有2个样本点属于事件B,故

$$P(B\mid A)=\frac{2}{6}=\frac{1}{3}$$

7. 在一批产品中，甲厂产品占 60%，乙厂产品占 40%；甲厂产品的合格率为 90%，乙厂产品的合格率为 95%。从该批产品中任取 1 件，求取到甲厂生产的合格品的概率。

分析 由于所涉事件{取到甲厂生产的合格品}为事件{取到甲厂生产}与事件{取到合格品}的积事件，可以应用乘法公式来解。

解 设事件 A={取到甲厂产品}，事件 B={取到合格品}，事件 C={取到甲厂生产的合格品}，则 $C=AB$。根据题意，从该批产品中任取一件，取到甲厂产品的概率为 $P(A)=0.6$；在取到甲厂产品的条件下，该产品是合格品的条件概率为 $P(B\mid A)=0.9$，由乘法公式得

$$P(C)=P(AB)=P(A)P(B\mid A)=0.6\times 0.9=0.54$$

8. 空战中甲、乙两机相遇，甲机首先开火且击落乙机的概率为 0.2；如果乙机未被击落，则乙机进行反击且击落甲机的概率为 0.3，求甲机被击落的概率。

分析 由于事件{甲机被击落}是事件{乙机未被击落}与事件{甲机被击落}之积，可应用乘法公式计算。

解 设事件 A={甲机被击落}，事件 B={乙机被击落}，则 $\overline{B}$={乙机未被击落}。因为甲机被击落意味着乙机未被击落，故 $A\subset\overline{B}$，因而 $A=A\overline{B}$。

由题意知，乙机未被击落的概率为 $P(\overline{B})=1-P(B)=1-0.2=0.8$；在乙机未被击落的条件下，甲机被击落的条件概率为 $P(A\mid\overline{B})=0.3$，故

$$P(A)=P(A\overline{B})=P(\overline{B})P(A\mid\overline{B})=0.8\times 0.3=0.24$$

习 题 13-5

2. 2 个人独立地破译一份密码，各人破译成功的概率分别为 0.25，0.3，求密码被破译的概率。

分析 事件{密码被破译}=事件{2 人中至少有 1 人破译密码}={第一个人破译密码}∪{第二个人破译密码}，所以可以用加法公式来解。而事件{2 人中至少有 1 人破译密码}的对立事件是{2 人都没破译密码}，所以也可应用 $P(A)=1-P(\overline{A})$ 来计算。

解法一 设事件 A={密码被破译}，事件 A_k={第 k 个人破译成功}，则 $A=A_1\cup A_2$。

由加法公式及事件的独立性，得

$$P(A)=P\{A_1\cup A_2\}=P(A_1)+P(A_2)-P(A_1A_2)=$$
$$P(A_1)+P(A_2)-P(A_1)P(A_2)=$$
$$0.25+0.3-0.25\times 0.3=0.475$$

解法二 $P(A)=1-P(\overline{A})=1-P(\overline{A_1\cup A_2})=$

$$1-P(\overline{A}_1\overline{A}_2)=1-P(\overline{A}_1)P(\overline{A}_2)=$$
$$1-[1-P(A_1)][1-P(A_2)]=$$
$$1-(1-0.25)\times(1-0.3)=0.475$$

4. 对一架敌机连续射击 3 次，每次的命中率均为 0.3，且各次命中与否相互独立。已知敌机被击中后坠落的概率为 0.2，试求：

(1) 敌机被击中的概率。

(2) 敌机被击落的概率。

分析 对敌机连续射击 3 次相当于 3 重贝努里试验，每次射击命中的概率为 $p=0.3$，射击 3 次恰好命中 k 次的概率为 $C_3^k\times 0.3^k\times 0.7^{3-k}$，$k=0,1,2,3$。而事件{敌机被击中}＝事件{3 次射击中至少有一次命中}，{3 次射击中至少有一次命中}的对立事件为事件{3 次射击均未命中}，因此可应用 $P(A)=1-P(\overline{A})$ 来计算敌机被击中的概率。事件{敌机被击落}是事件{敌机被击中}与事件{敌机被击落)的积事件，可应用乘法公式来计算。

解 对敌机连续射击 3 次可看作 3 重贝努里试验。

(1) 设事件 A＝{敌机被击中}，则 $\overline{A}$＝{射击 3 次均未命中}，故

$$P(A)=1-P(\overline{A})=1-C_3^0\times 0.3^0\times 0.7^3=0.657$$

(2) 设事件 B＝{敌机被击落}，则 $B\subset A$，因而 $B=AB$。根据题意，敌机被击中后坠落的条件概率为 $P(B\mid A)=0.2$，故

$$P(B)=P(AB)=P(A)P(B\mid A)=0.657\times 0.2=0.1314$$

复习题十三

3. 从 2，3，5，7 这 4 个数字中任取 2 个组成分数，共可组成几个不同的分数。

解 从 2，3，5，7 中任取 2 个数字作有序排列，共有 P_4^2 种不同排列，每种排列

的两个数字依次作为分子和分母，可组成一个分数。因为 2，3，5，7 这 4 个数字两两互质，各种排列组成的分数均不相同，故共可组成

$$P_4^2=\frac{4!}{(4-2)!}=12$$

个不同的分数。

5. 某保险柜的号码锁由 4 位数字组成，求试开一次就能打开保险柜的概率。

解 设事件 A={试开一次就能打开保险柜}。号码锁的每一位上可以是 0 到 9 中的任何一个数字，由 4 位数字可以组成从 0000～9999 共 10^4 个不同的号码，其中只有 1 个号码能够打开保险柜，故

$$P(A)=\frac{1}{10^4}=0.0001$$

6. 从一副扑克牌的 52 张牌中任取 4 张，求其花色各不相同的概率。

解 设事件 A={4 张牌花色各不相同}。从 52 张牌中任取 4 张，共有 C_{52}^4 种不同取法。事件 A 发生相当于在四种花色中分别任取 1 张，有 $(C_{13}^1)^4$ 种不同取法，故

$$P(A)=\frac{(C_{13}^1)^4}{C_{52}^4}=0.105$$

8. 一批产品的合格率为 95%，合格品中一等品占 80%，从该批产品中任取一件，求取到一等品的概率。

解 设事件 A={取到合格品}，事件 B={取到一等品}，中 $B\subset A$，故 $B=AB$。由题意知，任取一件产品取到合格品的概率为 $P(A)=0.95$；在取到合格品的条件下，该产品是一等品的条件概率为 $P(B\mid A)=0.8$，故取到一等品的概率为

$$P(B)=P(AB)=P(A)P(B\mid A)=0.95\times 0.8=0.76$$

10. 生产某产品共需经过 3 道工序，设 3 道工序的次品率依次为 0.04，0.05，0.05，并且各道工序互不影响，求生产出来的产品的次品率。

解 设事件 A={生产出来的产品是次品}，事件 A_k={第 k 道工序出次品}，则 $A=A_1\cup A_2\cup A_3$。对于逆事件 $\overline{A}$={生产出来的产品是正品}，有

$$\overline{A}=\overline{A_1\cup A_2\cup A_3}=\overline{A}_1\overline{A}_2\overline{A}_3$$

由题意知 $\overline{A}_1$，$\overline{A}_2$，$\overline{A}_3$ 相互独立，故

$$P(A)=1-P(\overline{A})=1-P(\overline{A_1\cup A_2\cup A_3})=$$
$$1-P(\overline{A}_1\overline{A}_2\overline{A}_3)=1-P(\overline{A}_1)P(\overline{A}_2)P(\overline{A}_3)=$$
$$1-(1-0.04)(1-0.05)(1-0.05)=0.1336$$

第四节　测试题及其解答

一、测 试 题

(一) A　　卷

1. 单项选择题。

(1) 在投掷 1 枚骰子的试验中,将“出现偶数点”称为(　　)。

a. 样本点　　b. 样本空间

c. 随机事件　　d. 基本事件

(2) 设事件 A 为“甲中奖且乙不中奖”,则其逆事件 $\overline{A}$ 为(　　)。

a. 甲不中奖且乙中奖　　b. 甲和乙都中奖

c. 甲和乙都不中奖　　d. 甲不中奖或乙中奖

(3) 设事件 A 与事件 B 互斥,则下列等式中,正确的是(　　)。

a. $P(A\cup B)=P(A)+P(B)$　　b. $P(A-B)=P(A)-P(B)$

c. $P(AB)=P(A)P(B)$　　d. $P(A)=1-P(B)$

2. 填空题。

(1) 设事件 A,B 满足 $\overline{A}\overline{B}=\Phi$,则 $A\cup B=$ ________;

(2) 设 $A\subset B$,且 $P(A)>0$,则 $AB=$ ________,$P(B\mid A)=$ ________;

(3) 设事件 A, B 独立, $P(A)=0.4$, $P(B)=0.3$,则 $P(\overline{A}\cup\overline{B})=$ ________。

3. 将 1 枚骰子投掷 4 次,求各次点数均不相同的概率。

4. 某校组织数学和英语竞赛,全校学生中参加数学竞赛的占 40%,参加英语竞赛的占 30%,既参加数学竞赛又参加英语竞赛的占 10%,求该校中仅参加一种竞赛的学生所占的百分比。

5. 袋内有 4 个白球和 5 个黑球,从中不放回地任意连取 2 球,求:

(1) 在第一次取到白球的条件下,第二次取到黑球的概率。

(2) 第二次才取到黑球的概率。

*(3) 第二次取到黑球的概率。

6. 某射手用 3 发子弹射击一个移动目标，每次射击的命中率为 0.2，且各次射击的结果相互独立。如果命中目标就停止射击，否则继续射击直到子弹用尽为止，求子弹用尽的概率。

(二) B　卷

1. 单项选择题。

(1) 将 1 枚硬币重复投掷 2 次，设事件 A_k 为“第 k 次出现正面”，则(　　)。

a. A_1 包含 A_2　　b. A_1 与 A_2 互斥

c. A_1 与 A_2 独立　　d. A_1 与 A_2 对立

(2) 向目标独立射击 3 次，每次的命中率为 p，则目标被击中的概率为(　　)。

a. $3p$　　b. p^3

c. $1-p^3$　　d. $1-(1-p)^3$

(3) 对于任意 2 个事件 A, B，满足 $P(A)+P(B)=1$，则(　　)成立。

a. $P(A\cup B)=1$　　b. $P(A\cup B)=P(\overline{A}\overline{B})$

c. $P(AB)=0$　　d. $P(AB)=P(\overline{\overline{A}\cup\overline{B}})$

2. 填空题。

(1) 设 $P(AB)>0$, $P(B\mid A)=P(B)$，则 $P(A|\overline{B})=$________。

(2) 设事件 A, B 互斥，$P(A)=0.4$, $P(B)=0.3$，则 $P(\overline{A\cup B})=$________。

(3) 设事件 A, B 独立，$P(A)=a<1$, $P(A\cup B)=b$，则 $P(B)=$________。

3. 将 1 枚骰子投掷 2 次，求 2 次点数相同或点数之和大于 10 的概率。

4. 某人持信用卡在 ATM 机上取款，由于记不清密码的最后一位数字而随机输入。按照银行规定，如果 3 次输错密码，信用卡将被 ATM 机没收而当日无法取款，求当日能取到款的概率。

5. 仓库中有甲、乙两厂生产的相同产品共 10 箱，其中甲厂产品 6 箱，每箱装 100 件，次品率为 0.06；乙厂产品 4 箱，每箱装 150 件，次品率为 0.05，求下列事件的概率：

(1) 任取 1 箱产品，从中任取 1 件，取到次品。

(2) 所有产品开箱混合后任取 1 件，取到次品。

6. 设三重贝努里试验中至少有一次试验成功的概率为 0.875，求每次试验成功的概率。

二、测试题解答

(一) A 卷解答

1. 单项选择题。

(1)	(2)	(3)
c	d	a

(1)(略)

(2) 设 A={甲中奖},B={乙不中奖},则 AB={甲中奖且乙不中奖},故 $\overline{AB}=\overline{A}\cup\overline{B}$={甲不中奖或乙中奖}。

(3)(略)

2. 填空题。

(1) 因为 $\overline{A}\overline{B}=\overline{A\cup B}$,所以 $\overline{A\cup B}=\Phi$,从而 $A\cup B=\overline{\overline{A\cup B}}=\Omega$。

(2) 由 $A\subset B$ 可得 $AB=A$,故 $P(B\mid A)=\dfrac{P(AB)}{P(A)}=\dfrac{P(A)}{P(A)}=1$。

(3) 因为 A、B 独立,且 $P(A)=0.4$, $P(B)=0.3$,故

$$P(\overline{A}\cup\overline{B})=P(\overline{AB})=1-P(AB)=1-P(A)P(B)=$$
$$1-0.4\times0.3=0.88$$

3. **解** 设事件 A={各次点数均不相同}。投掷 4 次骰子可能出现的点数不同排列共有 6^4 种,其中各次点数均不相同的排列有 P_6^4 种,故

$$P(A)=\frac{P_6^4}{6^4}=0.277\,8$$

4. **解** 对该校学生,设事件 A={参加数学竞赛},事件 B={参加英语竞赛},事件 C={仅参加一种竞赛},则 $C=A\cup B-AB$,故所求百分比为

$$P(C)=P(A\cup B-AB)=P(A\cup B)-P(AB)=$$
$$P(A)+P(B)-2P(AB)=$$
$$0.4+0.3-2\times0.1=50\%$$

5. **解** 设事件 A={第一次取到白球},事件 B={第二次取到黑球}。

(1) 设事件 C={在第一次取到白球的条件下,第二次取到黑球},其概率是条件概率。在第一次取到白球后,袋内剩有 3 个白球和 5 个黑球,故

$$P(C)=P(B\mid A)=\frac{5}{8}$$

(2) 设事件 D={第二次才取到黑球}。第二次才取到黑球等价于第一次取到白球且第二次取到黑球,即 $D=AB$,故

$$P(D)=P(AB)=P(A)P(B\mid A)=\frac{4}{9}\times\frac{5}{8}=\frac{5}{18}$$

(3) 第二次取到黑球可表示为 $B=AB\cup\overline{A}B$,其中 AB 与 $\overline{A}B$ 互斥,故

$$P(B)=P(AB\cup\overline{A}B)=P(AB)+P(\overline{A}B)=$$
$$P(A)P(B\mid A)+P(\overline{A})P(B\mid\overline{A})=$$
$$\frac{4}{9}\times\frac{5}{8}+\frac{5}{9}\times\frac{4}{8}=\frac{5}{9}$$

6. **解** 设事件 A={子弹用尽},事件 A_k={第 k 次射击命中目标},则

$$A=\overline{A}_1\overline{A}_2A_3\cup\overline{A}_1\overline{A}_2\overline{A}_3$$

其中 $\overline{A}_1\overline{A}_2A_3$ 与 $\overline{A}_1\overline{A}_2\overline{A}_3$ 互斥,且各次射击的结果相互独立,故

$$P(A)=P(\overline{A}_1\overline{A}_2A_3\cup\overline{A}_1\overline{A}_2\overline{A}_3)=P(\overline{A}_1\overline{A}_2A_3)+P(\overline{A}_1\overline{A}_2\overline{A}_3)=$$
$$P(\overline{A}_1)P(\overline{A}_2)P(A_3)+P(\overline{A}_1)P(\overline{A}_2)P(\overline{A})_3=$$
$$0.8^2\times0.2+0.8^3=0.64$$

(二) B 卷解答

1. 单项选择题。

(1)	(2)	(3)
c	d	d

(1) (略)

(2) 设 A={目标被击中},A_k={第 k 次射击命中},则 $A=A_1\cup A_2\cup A_3$,故

$$P(A)=1-P(\overline{A})=1-P(\overline{A_1\cup A_2\cup A_3})=1-P(\overline{A}_1\overline{A}_2\overline{A}_3)=$$

$$1-P(\overline{A}_1)P(\overline{A}_2)P(\overline{A}_3)=1-(1-p)^3$$

(3) $P(\overline{A\cup B})=1-P(A\cup B)=1-P(A)-P(B)+P(AB)=P(AB)$。

2. 填空题。

(1) 由 $P(B\mid A)=P(B)$，可得 $P(A\mid B)=\dfrac{P(AB)}{P(B)}=\dfrac{P(A)P(B\mid A)}{P(B)}=$ $P(A)$。

(2) 因为 A, B 互斥，且 $P(A)=0.4$, $P(B)=0.3$，故

$$P(\overline{A\cup B})=1-P(A\cup B)=1-P(A)-P(B)+P(AB)=$$
$$1-0.4-0.3+0=0.3$$

(3) 因为 A, B 独立，故

$$P(A\cup B)=P(A)+P(B)-P(AB)=P(A)+P(B)-P(A)P(B)$$

将 $P(A)=a$, $P(A\cup B)=b$ 代入得

$$b=a+P(B)-aP(B)$$

在 $a<1$ 的条件下，有 $P(B)=\dfrac{b-a}{1-a}$

3. **解** 设事件 A={两次点数相同}，事件 B={点数之和大于 10}，则

$$P(A)=\frac{6}{36},\ P(B)=\frac{3}{36},\ P(AB)=\frac{1}{36}$$

事件 $A\cup B$={两次点数相同或点数之和大于 10}，故所求概率为

$$P(A\cup B)=P(A)+P(B)-P(AB)=\frac{6}{36}+\frac{3}{36}-\frac{1}{36}=\frac{2}{9}$$

4. **解** 设事件 A={当日能取到款}，A_k={第 k 次输错密码}，则 $A=\overline{A_1A_2A_3}$。

设信用卡密码的最后一位数字为 k, $0\leqslant k\leqslant 9$。输错密码可以是输入 k 以外的任何一个数字，由于输错的密码不会再次输入，故 3 次输错密码的概率为

$$P(A_1A_2A_3)=P(A_1)P(A_2\mid A_1)P(A_3\mid A_1A_2)=\frac{9}{10}\times\frac{8}{9}\times\frac{7}{8}=\frac{7}{10}$$

因此，当日能取到款的概率为

$$P(A)=P(\overline{A_1A_2A_3})=1-P(A_1A_2A_3)=1-\frac{7}{10}=\frac{3}{10}$$

5. **解** 设事件 $A=\{$取到甲厂产品$\}$,事件 $B=\{$取到乙厂产品$\}$,事件 $C=\{$取到次品$\}$,则 $C=AC\cup BC$,其中 AC 与 BC 互斥。根据题意,分别有 $P(C\mid A)=0.06$, $P(C\mid B)=0.05$,故

$$P(C)=P(AC\cup BC)=P(AC)+P(BC)=$$
$$P(A)P(C\mid A)+P(B)P(C\mid B)=$$
$$P(A)\times 0.06+P(B)\times 0.05$$

(1) 在任取 1 箱产品,从中任取 1 件的情况下:共有 10 箱产品,其中甲厂产品 6 箱,乙厂产品 4 箱,则 $P(A)=0.6$, $P(B)=0.4$,故

$$P(C)=0.6\times 0.06+0.4\times 0.05=0.056$$

(2) 在所有产品开箱混合后任取 1 件的情况下:共有 1 200 件产品,其中甲、乙两厂产品各 600 件,则 $P(A)=P(B)=0.5$,故

$$P(C)=0.5\times 0.06+0.5\times 0.05=0.055$$

6. **解** 设每次试验成功的概率为 p,事件 $A=\{$至少有一次试验成功$\}$,则 $\overline{A}=\{$三次试验均未成功$\}$,且 $P(\overline{A})=(1-p)^3$。根据题意,有

$$P(A)=1-P(\overline{A})=1-(1-p)^3=0.875$$

由此解得

$$p=1-\sqrt[3]{1-0.875}=0.5$$

第十四章　随机变量与数字特征

第一节　内 容 提 要

1. 随机变量与分布函数

设 Ω 为随机试验的样本空间，如果对于每一个样本点 $\omega \in \Omega$，变量 X 都有一个确定的实数 $X(\omega)$ 与之对应，则称 X 为定义在 Ω 上的随机变量。

设 X 是一个随机变量，x 是任意实数，$P\{X \leqslant x\}$ 是 x 的函数，则称此函数为随机变量 X 的分布函数，记为 $F(x)$ 或者 $F_x(x)$。即 $F(x)=P\{X \leqslant x\}$。

随机变量的分布函数具有下列性质：

性质 1　对一切实数 $x \in (-\infty, +\infty)$，有 $0 \leqslant F(x) \leqslant 1$。

性质 2　$F(x)$ 是单调不减函数，即当 $x_1 < x_2$ 时，有 $F(x_1) \leqslant F(x_2)$。

性质 3　$\lim\limits_{x \to -\infty} F(x)=0$，$\lim\limits_{x \to +\infty} F(x)=1$。

性质 4　$P\{a < \xi \leqslant b\}=F(b)-F(a)$，$P\{x > a\}=1-F(a)$。

2. 离散型随机变量

若随机变量 X 只能取得有限多个或可列无穷个数值，则称 X 为离散型随机变量。

设离散型随机变量 X 的所有可能取值为 $x_1, x_2, \cdots, x_k, \cdots$，且取这些值的概率依次为：$p_1, p_2, \cdots, p_k, \cdots$，则称

$$P\{X=x_k\}=p_k \quad (k=1, 2, \cdots)$$

为 X 的概率分布律，简称分布律。

分布律也可写成表格的形式(见表 14－1)：

表 14－1　分 布 律

X	x_1	x_2	$\cdots$	x_k	$\cdots$
P	p_1	p_2	$\cdots$	p_k	$\cdots$

分布律具有下列性质：

(1) $p_k \geqslant 0$ ($k=1, 2, 3, \cdots$)。

(2) $\sum p_k = 1$。

3. 常用的离散型随机变量的分布

(1) 两点分布。若随机变量 X 的分布律为：

$$P\{X=k\} = p^k(1-p)^{1-k} \quad (k=0, 1)$$

即如表 14-2 所示。

表 14-2　X 的分布律

X	0	1
p	$1-p$	p

其中，p 为参数，且 $1<p<1$，则称 X 服从两点分布，也称为 0—1 分布，记为 $X \sim B(1, p)$。

(2) 二项分布。随机变量 X 的分布律为：

$$P\{X=k\} = C_n^k p^k q^{n-k} \quad (k=0, 1, 2, \cdots, n)$$

即如表 14-3 所示。

表 14-3　X 的分布律

X	0	1	2	$\cdots$	k	$\cdots$	n
p	q^n	$C_n^1 p q^{n-1}$	$C_n^2 p^2 q^{n-2}$	$\cdots$	$C_n^k p^k q^{n-k}$	$\cdots$	p^n

其中，$0<p<1$，$q=1-p$，则称 X 服从参数为 n，p 的二项分布，记为 $X \sim B(n, p)$。

(3) 泊松分布。随机变量 X 的分布律为：

$$P\{X=k\} = \frac{\lambda^k}{k!}e^{-\lambda} \quad (k=0, 1, 2, \cdots)$$

即如表 14-4 所示。

表 14-4　X 的分布律

X	0	1	2	$\cdots$	k	$\cdots$
p	$e^{-\lambda}$	$\lambda e^{-\lambda}$	$\frac{\lambda^2}{2!}e^{-\lambda}$	$\cdots$	$\frac{\lambda^k}{k!}e^{-\lambda}$	$\cdots$

其中，$\lambda > 0$ 为常数，则称 X 服从参数为 λ 的泊松分布，记为 $X \sim P(\lambda)$。

4. 连续型随机变量

设随机变量 X 的分布函数为 $F(x)$，如果存在非负函数 $p(x)$，使得对于任意实数 x 都有

$$F(x) = \int_{-\infty}^{x} p(t)\mathrm{d}t$$

成立，则称 X 为连续型随机变量，并称 $p(x)$ 为 X 的概率密度函数，简称密度函数或概率密度。

密度函数具有如下性质：

性质 1 $p(x) \geqslant 0$。

性质 2 $\int_{-\infty}^{+\infty} p(x)\mathrm{d}x = 1$。

性质 3 $P\{a \leqslant X \leqslant b\} = P\{a \leqslant X < b\} = P\{a < X < b\} =$

$P\{a < X \leqslant b\} = \int_{a}^{b} p(x)\mathrm{d}x$。

性质 4 如果 $p(x)$ 在 x 处连续，则 $F'(x) = P(x)$。

5. 常用的连续型随机变量的分布

(1) 均匀分布。如果随机变量 X 的密度函数为

$$P(x) = \begin{cases} \dfrac{1}{b-a}, & a \leqslant x \leqslant b \\ 0, & \text{其他} \end{cases}$$

则称 X 在区间 $[a, b]$ 上服从均匀分布。记为 $X \sim U(a, b)$。

(2) 指数分布。如果随机变量 X 的密度函数为

$$p(x) = \begin{cases} \lambda \mathrm{e}^{-\lambda x}, & x \geqslant 0 \\ 0, & x < 0 \end{cases} \quad (\lambda > 0)$$

则称 X 服从参数为 λ 的指数分布。

(3) 正态分布。如果随机变量 X 的密度函数为

$$P(x) = \frac{1}{\sigma\sqrt{2\pi}} \mathrm{e}^{-\frac{(x-\mu)^2}{2\sigma^2}} \quad (-\infty < x < +\infty)$$

其中，μ、σ 为常数，且 $\sigma > 0$，则称 X 服从参数为 μ，σ 的正态分布，记为 $X \sim$

$N(\mu, \sigma^2)$。

当 $\mu=0$，$\sigma=1$ 时，称 X 服从标准正态分布，记为 $N(0, 1)$。其密度函数、分布函数分别记为 $\varphi(x)$、$\Phi(x)$，即

$$\varphi(x)=\frac{1}{\sqrt{2\pi}}e^{-\frac{x^2}{2}} \quad (-\infty<x<+\infty)$$

$$\Phi(x)=\frac{1}{\sqrt{2\pi}}\int_{-\infty}^{x}e^{-\frac{x^2}{2}}dx$$

对于一般正态分布，设 $X\sim N(\mu, \sigma^2)$，则有

(1) $P\{X<b\}=P\{X\leqslant b\}=\Phi\left(\frac{b-\mu}{\sigma}\right)$。

(2) $P\{a<X<b\}=P\{a\leqslant X<b\}=P\{a<X\leqslant b\}=$

$$P\{a\leqslant X\leqslant b\}=\Phi\left(\frac{b-\mu}{\sigma}\right)-\Phi\left(\frac{a-\mu}{\sigma}\right)。$$

(3) $P\{X\geqslant a\}=1-P\{X\leqslant a\}=1-\Phi\left(\frac{a-\mu}{\sigma}\right)$。

6. 数学期望

(1) 离散型随机变量的数学期望。设离散型随机变量 X 的分布律如表 14－5 所示。

表 14－5　X 的分布律

ξ	x_1	x_2	…	x_k	…
p	p_1	p_2	…	p_k	…

如果 $\sum_k |x_k| p_k$ 是有限的，则称 $\sum_k x_k p_k$ 为随机变量 X 的数学期望或均值，记为 $E(X)$，即

$$E(X)=\sum_k x_k p_k$$

(2) 连续型随机变量的数学期望。设连续型随机变量 X 的密度为 $p(x)$，如果反常积分 $\int_{-\infty}^{+\infty}|x|p(x)dx$ 存在，则称 $\int_{-\infty}^{+\infty}xp(x)dx$ 为随机变量 X 的数学期望或均值，记为 $E(X)$，即

$$E(X)=\int_{-\infty}^{+\infty}xp(x)\mathrm{d}x$$

(3) 数学期望的性质。

性质 1 若 C 为常数,则 $E(C)=C$。

性质 2 若 X 为随机变量,C 为常数,则 $E(CX)=CE(X)$。

性质 3 若 X、Y 都是随机变量,则 $E(X+Y)=E(X)+E(Y)$。

性质 3 可以推广到 n 个随机变量的情况,若 $X_1, X_2, \cdots, X_n$ 都是随机变量,则

$$E(X_1+X_2+\cdots+X_n)=E(X_1)+E(X_2)+\cdots+E(X_n)$$

7. 方差

设 X 是一个随机变量,如果 $E[X-E(X)]^2$ 存在,则称 $E[X-E(X)]^2$ 为 X 的方差,记为 $D(X)$,即

$$D(X)=E[X-E(X)]^2$$

又称 $\sqrt{D(X)}=\sqrt{E[X-E(X)]^2}$ 为随机变量 X 的标准差或均方差。

方差具有如下性质:

性质 1 若 C 为常数,则 $D(C)=0$。

性质 2 若 X 为随机变量,C 为常数,则 $D(CX)=C^2D(X)$。

性质 3 若 X 为随机变量,a, b 为常数,则 $D(aX+b)=a^2D(X)$。

性质 4 $D(X)=E(X^2)-[E(X)]^2$。

第二节 例 题 分 析

【例 1】 设随机变量 X 的分布函数是

$$F(x)=\begin{cases}A-\mathrm{e}^{-x}, & x\geqslant 0\\ 0, & x<0\end{cases}$$

试求:(1) 系数 A。(2) $P\{X\leqslant 2\}$。$P\{1<X\leqslant 3\}$; $P\{X>1\}$。

分析 利用分布函数的性质 $\lim\limits_{x\to+\infty}F(x)=1$ 可求出系数 A;由分布函数的定义 $F(x)=P\{X\leqslant x\}$,分布函数与概率的关系式 $P\{a<X\leqslant b\}=F(b)-F(a)$, $P\{X>a\}=1-F(a)$ 可计算相应的概率。

解 (1) 因为 $\lim\limits_{x\to+\infty} F(x) = \lim\limits_{x\to+\infty}(A - e^{-x}) = A$

又 $\lim\limits_{x\to+\infty} F(x) = 1$，所以系数 $A = 1$。

(2) $P\{X \leqslant 2\} = F(2) = 1 - e^{-2}$

$P\{1 < X \leqslant 3\} = F(3) - F(1) = 1 - e^{-3} - (1 - e^{-1}) = e^{-1} - e^{-3}$

$P\{X > 1\} = 1 - F(1) = 1 - (1 - e^{-1}) = e^{-1}$。

【例 2】 设随机变量 X 的分布律为

$$P\{X = k\} = \frac{A}{3} \quad (k = 1, 2, 3)$$

试求：(1) 常数 A。(2) X 的分布函数 $F(x)$，并作其图。(3) $P\{1 \leqslant X \leqslant 2\}$。

分析 根据离散型随机变量分布律的性质 $\sum\limits_{k=1} p_k = 1$，可求得系数 A，利用分布函数的定义计算 X 的分布函数 $F(x)$，最后用分布函数的性质计算 $P\{1 \leqslant X \leqslant 2\}$，也可以直接计算，但要利用概率的加法定理。

解 (1) 因为 $\sum\limits_{k=1}^{3} p_k = 1$，所以 $\frac{A}{3} + \frac{A}{3} + \frac{A}{3} = A = 1$。

(2) 对 x 的取值进行讨论

当 $x < 1$ 时，事件 $\{X \leqslant x\} = \Phi$，所以

$$F(x) = P\{X \leqslant x\} = 0$$

当 $1 \leqslant x < 2$ 时，事件 $\{X \leqslant x\} = \{X < 1\} + \{X = 1\} + \{1 < X \leqslant x\} = \Phi + \{X = 1\} + \Phi = \{X = 1\}$

所以 $F(x) = P\{X \leqslant x\} = P\{X = 1\} = \frac{1}{3}$

当 $2 \leqslant x < 3$ 时，事件

$$\{X \leqslant x\} = \{X < 1\} + \{X = 1\} + \{1 < X < 2\} + \{X = 2\} + \{2 < X \leqslant x\} = \{X = 1\} + \{X = 2\}$$

所以 $F(x) = P\{X \leqslant x\} = P\{X = 1\} + P\{X = 2\} = \frac{1}{3} + \frac{1}{3} = \frac{2}{3}$

当 $X \geqslant 3$ 时，事件 $\{X \leqslant x\} = \Omega$，所以

$$F(x) = P\{X \leqslant x\} = 1$$

从而得 X 的分布函数为

$$F(x)=\begin{cases}0\ , & x<1\\ \dfrac{1}{3}, & 1\leqslant x<2\\ \dfrac{2}{3}, & 2\leqslant x<3\\ 1, & x\geqslant 3\end{cases}$$

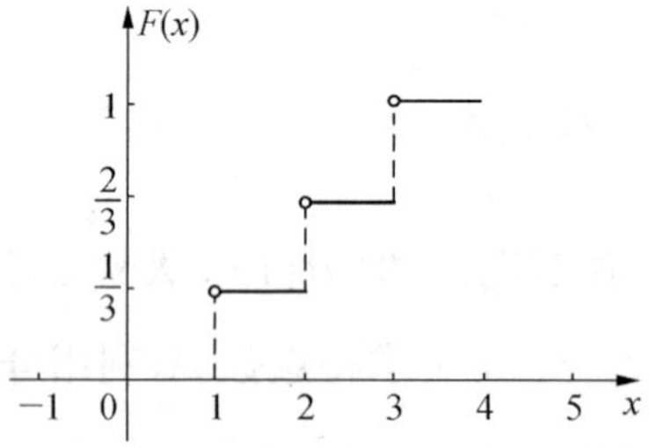

图 14-1　分布函数 $F(x)$的图形

分布函数 $F(x)$的图形如图 14-1 所示。

(3) 因为事件 $\{1\leqslant X\leqslant 2\}=\{X=1\}+\{1<X\leqslant 2\}$，所以

$$P\{1\leqslant X\leqslant 2\}=P\{X=1\}+P\{1<X\leqslant 2\}=P\{X=1\}+[F(2)-F(1)]=\frac{1}{3}+\left(\frac{2}{3}-\frac{1}{3}\right)=\frac{2}{3}$$

或事件 $\{1\leqslant X\leqslant 2\}=\{X=1\}+\{X=2\}$，所以

$$P\{1\leqslant X\leqslant 2\}=P\{X=1\}+P\{X=2\}=\frac{1}{3}+\frac{1}{3}=\frac{2}{3}$$

【例 3】 某汽车站每天发生事故的次数 X 服从泊松分布，且已知发生 1 次事故与发生 2 次事故的可能性相等，试求每天不发生事故的概率。

分析 由泊松分布的定义，分布律为 $P\{X=k\}=\dfrac{\lambda^k}{k!}e^{-\lambda}(\lambda>0,\ k=0,1,2,\cdots)$，于是，首先要确定参数 λ，这可由“发生 1 次事故与发生 2 次事故的可能性相等”来确定。计算每天不发生事故的概率，即是计算 $P\{X=0\}$。

解 因为 $P\{X=1\}=P\{X=2\}$

所以可得 $\dfrac{\lambda}{1!}e^{-\lambda}=\dfrac{\lambda^2}{2!}e^{-\lambda}$，从而 $2\lambda=\lambda^2$，得 $\lambda=2$，$\lambda=0$（舍弃）

$$P\{每天不发生事故\}=P\{X=0\}=\frac{2^0}{0!}e^{-2}=e^{-2}$$

【例 4】 设随机变量 X 的密度函数为

$$p(x)=\begin{cases}A\cos x, & |X|<\dfrac{\pi}{2}\\ 0\quad, & 其他\end{cases}$$

试求：(1) 系数 A。(2) $P\left\{0\leqslant X<\frac{\pi}{4}\right\}$，$P\left\{X>\frac{\pi}{6}\right\}$。

分析 根据连续型随机变量 X 的密度函数 $p(x)$ 的性质：

$\int_{-\infty}^{+\infty}p(x)\mathrm{d}x=1$，求系数 A；第(2)小题可应用性质 $P\{a<X<b\}=\int_a^b p(x)\mathrm{d}x$ 求得。

解 (1) $\int_{-\infty}^{+\infty}p(x)\mathrm{d}x=\int_{-\infty}^{-\frac{\pi}{2}}p(x)\mathrm{d}x+\int_{-\frac{\pi}{2}}^{\frac{\pi}{2}}p(x)\mathrm{d}x+\int_{\frac{\pi}{2}}^{+\infty}p(x)\mathrm{d}x=$

$$\int_{-\frac{\pi}{2}}^{\frac{\pi}{2}}A\cos x\mathrm{d}x=A\sin x\Big|_{-\frac{\pi}{2}}^{\frac{\pi}{2}}=2A$$

又 $\int_{-\infty}^{+\infty}p(x)\mathrm{d}x=1$

所以 $2A=1$，故 $A=\frac{1}{2}$

(2) $P\left\{0\leqslant X<\frac{\pi}{4}\right\}=\int_0^{\frac{\pi}{4}}\frac{1}{2}\cos x\mathrm{d}x=\frac{1}{2}\sin x\Big|_0^{\frac{\pi}{4}}=\frac{\sqrt{2}}{4}$

$P\left\{X>\frac{\pi}{6}\right\}=\int_{\frac{\pi}{6}}^{+\infty}p(x)\mathrm{d}x=\int_{\frac{\pi}{6}}^{\frac{\pi}{2}}\frac{1}{2}\cos x\mathrm{d}x=\frac{1}{2}\sin x\Big|_{\frac{\pi}{6}}^{\frac{\pi}{2}}=\frac{1}{4}$

【例 5】 设随机变量 X 服从正态分布 $N(1.5,\ 2^2)$，求

(1) 概率 $P\{X<3.5\}$；$P\{X>2\}$；$P\{|X|<3\}$。

(2) 确定 k 使 $P\{X>k\}=P\{X\leqslant k\}$。

分析 应用公式

$P\{a<X<b\}=P\{a\leqslant X<b\}=P\{a<X\leqslant b\}=$

$$P\{a\leqslant X\leqslant b\}=\Phi\left(\frac{b-\mu}{\sigma}\right)-\Phi\left(\frac{a-\mu}{\sigma}\right)$$

$P\{X>a\}=P\{X\geqslant a\}=1-P\{X\leqslant a\}=1-F(a)=1-\Phi\left(\frac{a-\mu}{\sigma}\right)$

再查标准正态分布表。

解 (1) $P\{X<3.5\}=\Phi\left(\frac{3.5-1.5}{2}\right)=\Phi(1)=0.841\,3$

$$P\{X>2\}=1-P\{X\leqslant 2\}=1-\Phi\left(\frac{2-1.5}{2}\right)=$$

$$1-\Phi(0.25)=1-0.598\,7=0.401\,3$$

$$P\{|X|<3\}=P\{-3<X<3\}=\Phi\left(\frac{3-1.5}{2}\right)=\Phi\left(\frac{-3-1.5}{2}\right)=$$

$$\Phi(0.75)-\Phi(-2.25)=\Phi(0.75)+1-\Phi(2.25)=0.7856$$

(2) 由 $P\{X>k\}=P\{X\leqslant k\}$,得

$$1-\Phi\left(\frac{k-1.5}{2}\right)=\Phi\left(\frac{k-1.5}{2}\right)$$

于是 $\Phi\left(\frac{k-1.5}{2}\right)=\frac{1}{2}$，查表得 $\frac{k-1.5}{2}=0$，所以 $k=1.5$。

【例 6】 设钢筋的抗拉强度 X(千克/厘米^2)服从 $N(150,\ 16^2)$,如果要求以 99%的概率保证 X 不低于设计强度 a,问设计强度 a 应该为多少?

分析 要计算的是: a 为何值时, $P\{X\geqslant a\}=0.99$。而 $P\{X\geqslant a\}=1-P\{X<a\}=1-\Phi\left(\frac{a-\mu}{\sigma}\right)$，于是

$$1-\Phi\left(\frac{a-\mu}{\sigma}\right)=0.99$$

得 $\Phi\left(\frac{a-150}{16}\right)=0.01$，由正态分布表可确定$\frac{a-150}{16}$,由此可确定 a。

解 因为 $P\{X\geqslant a\}=1-P\{X<a\}=1-\Phi\left(\frac{a-150}{\sigma}\right)$

$P\{X\geqslant a\}=0.99$，所以

$$1-\Phi\left(\frac{a-150}{16}\right)=0.99$$

从而 $\Phi\left(\frac{a-150}{16}\right)=0.01$，得

$$\Phi\left(-\frac{a-150}{16}\right)=0.99$$

查正态分布表,得 $-\frac{a-150}{16}=2.33$，所以

$$a=112.72$$

【例 7】 设随机变量 X 的分布律如表 14-6 所示。

表 14-6 X 的分布律

X	-2	0	2
P	0.4	0.3	0.3

试求：(1) $E(X)$。(2) $E(2X+4)$。(3) $D(X)$。(4) $D(-2X+2)$。

分析 由于是离散型随机变量，可以用离散型随机变量数学期望、方差的计算公式及其性质求得相应结果。

解 (1) $E(X)=\sum_{k=1}^{3}x_k p_k=-2\times 0.4+0\times 0.3+2\times 0.3=-0.2$

(2) $E(2X+4)=2E(X)+4=3.6$

(3) $E(X^2)=(-2)^2\times 0.4+0^2\times 0.3+2^2\times 0.3=2.8$

$D(X)=E(X^2)-[E(X)]^2=2.8-(-0.2)^2=2.76$

(4) $D(-2X+2)=(-2)^2D(X)=4\times 2.76=11.04$

【例 8】 设随机变量 X 的概率密度为

$$p(x)=\begin{cases}x, & 0\leqslant x<1\\ 2-x, & 1\leqslant x\leqslant 2\\ 0, & \text{其他}\end{cases}$$

试求：(1) $E(X)$ (2) $E(3X-2)$ (3) $D(X)$ (4) $D(3X+1)$

分析 由于是连续型随机变量，所以可以用连续型随机变量数学期望、方差的计算公式及其性质求得相应结果。

解 (1) $E(X)=\int_{-\infty}^{+\infty}xp(x)\mathrm{d}x=\int_0^1 x^2\mathrm{d}x+\int_1^2 x(2-x)\mathrm{d}x=$

$\frac{1}{3}x^3\Big|_0^1+\left(x^2-\frac{1}{3}x^3\right)\Big|_1^2=1$

(2) $E(3X-2)=3E(X)-2=1$

(3) $E(X^2)=\int_{-\infty}^{+\infty}x^2p(x)\mathrm{d}x=\int_0^1 x^3\mathrm{d}x+\int_1^2 x^2(2-x)\mathrm{d}x=$

$\frac{1}{4}x^4\Big|_0^1+\left(\frac{2}{3}x^3-\frac{1}{4}x^4\right)\Big|_1^2=\frac{7}{6}$

$D(X)=E(X^2)-[E(X)]^2=\frac{7}{6}-1=\frac{1}{6}$

(4) $D(3X+1)=9D(X)=\frac{3}{2}$

第三节　习题选解

习　题　14－1

1. 某工厂生产一种伞形齿轮的记录表明，该产品的合格率为 90%。从该批产品中连续抽取 5 件进行检验，如果用 X 表示所取出的 5 件产品中合格的件数。试问：随机变量 X 可能取哪些值？并写出随机变量 X 取这些值的概率。

分析　从一批产品中连续抽出 5 个产品，可看成是 5 重独立随机试验。X 表示合格品数，合格率为 0.9，X 服从二项分布。

解　X 的可能取值为：0，1，2，3，4，5

$$P\{X=k\}=C_5^k\times 0.9^k\times 0.1^{5-k}\quad (k=0,1,2,3,4,5)$$

3. 设随机变量 X 的分布函数为

$$F(x)=\begin{cases}0\ , & x<0;\\ 0.2, & 0\leqslant x<1;\\ 0.6, & 1\leqslant x<2;\\ 1\ , & x\geqslant 2。\end{cases}$$

求：$P\{x\leqslant 1\}$。$P\{0.5<x\leqslant 1.5\}$。$P\{x>1.5\}$。

分析　已知 X 的分布函数，利用分布函数的定义与性质 $P\{X\leqslant a\}=F(a)$，$P\{a<X\leqslant b\}=F(b)-F(a)$，计算相关的概率。

解　$P\{X\leqslant 1\}=F(1)=0.6$

$P\{0.5<X\leqslant 1.5\}=F(1.5)-F(0.5)=0.6-0.2=0.4$

$P\{X>1.5\}=1-F(1.5)=1-0.6=0.4$

习　题　14－2

4. 设在 15 只同类的零件中有 2 只是次品，求任取 3 只零件中的次品数 X 的分布律。

分析　随机变量 X 可能取的值为 0，1，2，为求分布律仅需求出概率 $P\{X=0\}$，

$P\{X=1\}$，$P\{X=2\}$。从15只零件中任取3只零件试验属古典概型，计算样本空间Ω中样本点的个数及事件A所含样本点的个数，求$P(A)$，由此求出分布律。

解 随机变量X的可能取值：0，1，2，分布律分别为：

$$P\{X=0\}=\frac{C_2^0C_{13}^3}{C_{15}^3}=\frac{22}{35}$$

$$P\{X=1\}=\frac{C_2^1C_{13}^2}{C_{15}^3}=\frac{12}{35}$$

$$P\{X=2\}=\frac{C_2^2C_{13}^1}{C_{15}^3}=\frac{1}{35}$$

即如表14－7所示。

表14－7 分布律

X	0	1	2
p	$\frac{22}{35}$	$\frac{12}{35}$	$\frac{1}{35}$

6．设随机变量的分布律如表14－8所示。

表14－8 分布律

X	-1	0	4
p	$\frac{1}{6}$	$\frac{1}{4}$	$\frac{7}{12}$

求：(1) 概率$P\{X<1\}$，$P\{-2<X\leqslant 2\}$。(2) 分布函数$F(x)$。

分析 由于事件$\{X<1\}=\{-\infty<X<-1\}\cup\{X=-1\}\cup\{-1<X<0\}\cup\{X=0\}\cup\{0<X<1\}=\{X=-1\}\cup\{X=0\}$

同样地，对事件$\{-2<X\leqslant 2\}=\{X=-1\}\cup\{X=0\}$

于是可求解第(1)小题；第(2)题可应用[例2]的分析及解题过程求解。

解 (1) $P\{X<1\}=P\{X=-1\}+P\{X=0\}=\frac{1}{6}+\frac{1}{4}=\frac{5}{12}$

$$P\{-2<X\leqslant 2\}=P\{X=-1\}+P\{X=0\}=\frac{1}{6}+\frac{1}{4}=\frac{5}{12}$$

(2) 当 $x<-1$ 时,事件 $\{X\leqslant x\}=\Phi$,所以

$$F(x)=P\{X\leqslant x\}=0$$

当 $-1\leqslant x<0$ 时,事件 $\{X\leqslant x\}=\{X=-1\}$,所以

$$F(x)=P\{X\leqslant x\}=P\{X=-1\}=\frac{1}{6}$$

当 $0\leqslant x<4$ 时,事件 $\{X\leqslant x\}=\{X=-1\}\cup\{X=0\}$,所以

$$F(x)=P\{X\leqslant x\}=P\{X=-1\}+P(X=0)=\frac{1}{6}+\frac{1}{4}=\frac{5}{12}$$

当 $x\geqslant 4$ 时,事件 $\{X\leqslant x\}=\Omega$,所以

$$F(x)=P\{X\leqslant x\}=1$$

由此得 X 的分布函数为:

$$F(x)=\begin{cases}0, & x<-1\\ \frac{1}{6}, & -1\leqslant x<0\\ \frac{5}{12}, & 0\leqslant x<4\\ 1, & x\geqslant 4\end{cases}$$

8. 设随机变量 X 的概率分布律为

$$P\{X=k\}=\frac{k}{6}\quad(k=1,2,3)$$

求:$P\{X=1\}$;$P\{X\leqslant 2\}$;$P\{1.5\leqslant X\leqslant 3\}$;$P\{X>\sqrt{2}\}$。

分析 参见第 6 题的分析来解题。

解 $P\{X=1\}=\frac{1}{6}$

$$P\{X\leqslant 2\}=P(X=1)+P(X=2)=\frac{1}{6}+\frac{2}{6}=\frac{1}{2}$$

$$P\{1.5\leqslant X\leqslant 3\}=P(X=2)+P(X=3)=\frac{2}{6}+\frac{3}{6}=\frac{5}{6}$$

$$P\{X>\sqrt{2}\}=P(X=2)+P(X=3)=\frac{5}{6}$$

12. 设某种设备发生故障的概率为 0.02，现有设备 15 台，而维修人员只有 1 名，假定一个维修人员同时只能维修 1 台设备的故障，求当这批设备发生故障时而不能及时维修的概率。

分析 观察“15 台设备是否发生故障”这个试验，虽然设备不同但是每台设备其结果只有两个：“发生故障”与“不发生故障”。因此可看成是 15 重贝努里试验。如设 X 表示发生故障的设备台数，则问题转化为求概率 $P\{X>1\}$，而事件 $\{X>1\}=\{X=2\}\cup\{X=3\}\cup\cdots\cup\{X=15\}$，所以，$P\{X>1\}=P_{15}(2)+P_{15}(3)+\cdots+P_{15}(15)$，这样计算太麻烦。应用对立事件 $P\{X>1\}=1-P\{x\leqslant 1\}=1-P\{X=0\}+P\{X=1\}$ 较方便，并且可应用近似计算公式

$$C_n^k p^k\cdot q^{n-k}\approx\frac{(np)^k}{k!}\mathrm{e}^{-np}$$

解 设 X 表示发生故障的设备数，则 $X\sim B(15,0.02)$，$np=0.3$。

所求概率为 $P\{X>1\}=1-P\{X=0\}-P\{X=1\}=$

$$1-C_{15}^0\times 0.02^0\times 0.98^{15}-C_{15}^1 0.02\times 0.98^{14}\approx$$

$$1-\frac{0.3^0}{0!}\mathrm{e}^{-0.3}-\frac{0.3^1}{1!}\mathrm{e}^{-0.3}=0.036\,9$$

习 题 14－3

1. 设随机变量 X 的概率密度为

$$p(x)=\begin{cases}\dfrac{3x^2}{\theta^3}, & 0<x<\theta\\ 0, & \text{其他}\end{cases}$$

(1) 若 $P\{X>1\}=\dfrac{7}{8}$，求 θ 的值。(2) 计算概率 $P\{X\leqslant 1\}$；$P\{-1<X\leqslant 1.5\}$；$P\{X>1.5\}$。

分析 如果随机变量 X 的密度函数 $p(x)$ 含有一个待定常数，一般地，可由 $\int_{-\infty}^{+\infty}p(x)\mathrm{d}x=1$ 来确定，对于本题密度函数 $p(x)$ 已经满足 $\int_{-\infty}^{+\infty}p(x)\mathrm{d}x=1$，不能由 $\int_{-\infty}^{+\infty}p(x)\mathrm{d}x=1$ 确定，只能由条件 $P\{X>1\}=\dfrac{7}{8}$ 来确定，其余小题应用 $P\{a<$

$X<b\}=\int_a^b p(x)\mathrm{d}x$ 来计算。

解 (1) 由 $P\{X>1\}=\dfrac{7}{8}$，可得方程

$$\int_1^{+\infty}p(x)\mathrm{d}x=\int_1^{\theta}\frac{3x^2}{\theta^3}\mathrm{d}x=\frac{x^3}{\theta^3}\bigg|_1^{\theta}=1-\frac{1}{\theta^3}=\frac{7}{8}$$

所以 $\theta=2$，密度函数为

$$p(x)=\begin{cases}\dfrac{3x^2}{8}, & 0<x<2\\ 0\ , & \text{其他}\end{cases}$$

(2) $P\{X\leqslant 1\}=\displaystyle\int_{-\infty}^{1}p(x)\mathrm{d}x=\int_0^1\frac{3x^2}{8}\mathrm{d}x=\frac{x^3}{8}\bigg|_0^1=\frac{1}{8}$

$$P\{-1<X\leqslant 1.5\}=\int_{-1}^{1.5}p(x)\mathrm{d}x=\int_0^{1.5}\frac{3x^2}{8}\mathrm{d}x=\frac{x^3}{8}\bigg|_0^{1.5}=\frac{27}{64}$$

$$P\{X>1.5\}=\int_{1.5}^{+\infty}p(x)\mathrm{d}x=\int_{1.5}^{2}\frac{3x^2}{8}\mathrm{d}x=\frac{x^3}{8}\bigg|_{1.5}^{2}=\frac{37}{64}$$

对第(1)题作进一步讨论：如果第(1)题已知条件改为：已知随机变量 X 的密度函数为

$$p(x)=\begin{cases}\dfrac{3x^2}{a}, & 0<x<b\\ 0\ , & \text{其 他}\end{cases}$$

且 $P\{X>1\}=\dfrac{7}{8}$，试求 a，b 的值。

我们必须应用 $\displaystyle\int_{-\infty}^{+\infty}p(x)\mathrm{d}x=1$ 与 $P\{X>1\}=\dfrac{7}{8}$，来求 a，b 的值。

答案为 $a=8$，$b=2$。

3. 设随机变量 X 的分布函数为

$$F(x)=\begin{cases}1-\mathrm{e}^{-x}, & x\geqslant 0\\ 0\ , & x<0\end{cases}$$

求：(1) $P\{X\leqslant 2\}$。(2) $P\{-1<X\leqslant 1.5\}$。(3) $P\{|X|>2\}$。(4) X 密度函数 $p(x)$。

分析 因为 $F(x)=P\{X\leqslant x\}$，所以 $P\{X\leqslant 2\}=F(2)$；又由性质 $P\{a<X\leqslant b\}=F(b)-F(a)$，可求 $P\{-1<X\leqslant 1.5\}$；对于 $P\{|X|>2\}$，由于事件 $\{|X|>2\}=\{X<-2\}\cup\{X>2\}$，则 $P\{X<-2\}=P(\{X\leqslant -2\}-P\{X=-2\})=P\{X\leqslant -2\}-0$，又 $P\{X>2\}=1-P\{X\leqslant 2\}$，故可计算 $P\{|X|>2\}$。

解 (1) $P\{X\leqslant 2\}=F(2)=1-\mathrm{e}^{-2}$

(2) $P\{-1<X\leqslant 1.5\}=F(1.5)-F(-1)=1-\mathrm{e}^{-1.5}$

(3) 事件 $\{|X|>2\}=\{X<-2\}\cup\{X>2\}$

$$P\{X<-2\}=P(\{X\leqslant -2\}-\{X=-2\})=P\{X\leqslant -2\}-P\{X=-2\}=F(-2)=0$$

$$P\{X>2\}=1-P\{X\leqslant 2\}=1-F(2)=1-(1-\mathrm{e}^{-2})=\mathrm{e}^{-2}$$

所以 $P\{|X|>2\}=P\{X<-2\}+P\{X>2\}=\mathrm{e}^{-2}$

(4) 在连续点，$p(x)=F'(x)$

所以 $p(x)=\begin{cases}\mathrm{e}^{-x}, & x\geqslant 0\\ 0, & x<0\end{cases}$

4. 设随机变量 X 的密度函数为

$$p(x)=\begin{cases}Ax^2, & 1\leqslant x\leqslant 2\\ Ax, & 2<x\leqslant 3\\ 0, & 其他\end{cases}$$

求：(1) 常数 A。(2) $P\{1<X<1.5\}$，$P\{1.5<X<2.5\}$。

分析 由 $\int_{-\infty}^{+\infty}p(x)\mathrm{d}x=1$ 确定常数 A。应用性质 $P\{a<X<b\}=\int_a^b p(x)\mathrm{d}x$ 求概率。

解 (1) $\int_{-\infty}^{+\infty}p(x)\mathrm{d}x=\int_1^2 Ax^2\mathrm{d}x+\int_2^3 Ax\mathrm{d}x=\frac{1}{3}Ax^3\Big|_1^2+\frac{1}{2}Ax^2\Big|_2^3=\frac{10}{3}A$

又 $\int_{-\infty}^{-\infty}p(x)\mathrm{d}x=1$

所以 $\frac{10}{3}A=1$，得 $A=\frac{3}{10}$

(2) $P\{1<X<1.5\}=\int_1^{1.5}p(x)\mathrm{d}x=\int_1^{1.5}\frac{3}{10}x^2\mathrm{d}x=\frac{1}{10}x^3\Big|_1^{1.5}=\frac{19}{80}$

$$P\{1.5<X<2.5\}=\int_{1.5}^{2.5}p(x)\mathrm{d}x=\int_{1.5}^{2}\frac{3}{10}x^2\mathrm{d}x+\int_2^{2.5}\frac{3}{10}x\mathrm{d}x=$$

$$\frac{1}{10}x^3\bigg|_{1.5}^{2}+\frac{3}{20}x^2\bigg|_{2}^{2.5}=\frac{4}{5}$$

6. 设 X 在 $[0, 10]$ 上服从均匀分布，

(1) 求：X 的密度函数，并绘出其图形。

(2) 求：$P\{X\leqslant -3.5\}$；$P\{X<3\}$；$P\{|X|\leqslant 5\}$。

分析 如果 $X\sim U[a, b]$，则其密度函数为

$$p(x)=\begin{cases}\dfrac{1}{b-a}, & a\leqslant x\leqslant b\\ 0, & 其他\end{cases}$$

因此第(1)小题可解。由性质 $P\{a<X<b\}=\int_a^b p(x)\mathrm{d}x$ 求第(2)题。

解 (1) 根据均匀分布的定义可知其密度函数为

$$p(x)=\begin{cases}\dfrac{1}{10}, & 0\leqslant x\leqslant 10\\ 0, & 其他\end{cases}$$

其图形如图 14 - 2 所示。

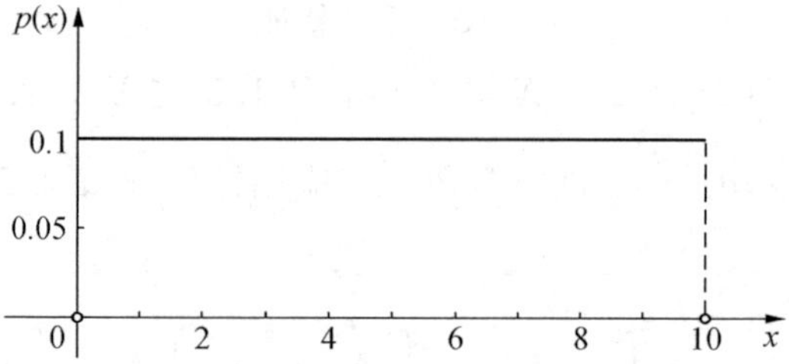

图 14 - 2　$p(x)$的图形

(2) $P\{X\leqslant -3.5\}=\int_{-\infty}^{-3.5}p(x)\mathrm{d}x=0$

$$P\{X<3\}=\int_{-\infty}^{3}p(x)\mathrm{d}x=\int_0^3\frac{1}{10}\mathrm{d}x=\frac{3}{10}$$

$$P\{|X|\leqslant 5\}=P\{-5\leqslant X\leqslant 5\}=\int_{-5}^{5}p(x)\mathrm{d}x=\int_0^5\frac{1}{10}\mathrm{d}x=\frac{1}{2}$$

9. 设一批晶体管的使用寿命 X(单位：年)近似服从指数分布，密度函数为

$$p(x)=\begin{cases}\dfrac{1}{5}\mathrm{e}^{-\frac{1}{5}x}, & x\geqslant 0\\ 0, & x<0\end{cases}$$

求：晶体管能使用1～5年的概率及5年以上的概率。

分析　本题为求概率$P\{1\leqslant X\leqslant 5\}$及$P\{X>5\}$。

可应用性质$P\{a<X<b\}=\int_a^b p(x)\mathrm{d}x$，$P\{X>a\}=\int_a^{+\infty}p(x)\mathrm{d}x$。

解　$P\{1\leqslant X\leqslant 5\}=\int_1^5 p(x)\mathrm{d}x=\int_1^5\dfrac{1}{5}\mathrm{e}^{-\frac{1}{5}x}\mathrm{d}x=-\mathrm{e}^{-\frac{1}{5}x}\Big|_1^5=\mathrm{e}^{-\frac{1}{5}}-\mathrm{e}^{-1}$

$$P\{X>5\}=\int_5^{+\infty}p(x)\mathrm{d}x=1-\int_0^5\frac{1}{5}\mathrm{e}^{-\frac{1}{5}x}\mathrm{d}x=1+\mathrm{e}^{-\frac{1}{5}x}\Big|_0^5=\mathrm{e}^{-1}$$

12. 设随机变量X服从正态分布$N(1, 0.6^2)$，求：

(1) $P\{X>0\}$。(2) $P\{-1<X<1\}$。(3) $P\{|X|<1.5\}$。

分析　如果$X\sim N(\mu, \sigma^2)$，则$P\{a<X<b\}=\Phi\left(\dfrac{b-\mu}{\sigma}\right)-\Phi\left(\dfrac{b-\mu}{\sigma}\right)$。

解　(1) $P\{X>0\}=1-\Phi\left(\dfrac{0-1}{0.6}\right)=1-\Phi(-1.67)=\Phi(1.67)\approx 0.9525$

(2) $P\{-1<X<1\}=\Phi\left(\dfrac{1-1}{0.6}\right)-\Phi\left(\dfrac{-1-1}{0.6}\right)=\Phi(0)-\Phi(-3.33)=$

$$\Phi(0)-[1-\Phi(3.33)]\approx 0.5000$$

(3) $P\{|X|<1.5\}=P\{-1.5<X<1.5\}=$

$$\Phi\left(\frac{1.5-1}{0.6}\right)-\Phi\left(\frac{-1.5-1}{0.6}\right)=$$

$$\Phi(0.83)-\Phi(-4.17)=$$

$$\Phi(0.83)-[1-\Phi(4.17)]\approx 0.7969$$

16. 炮击某目标的纵向偏差X(单位：米)服从$N(0, 20^2)$，求：

(1) 射击1发炮弹的纵向偏差绝对值不超过30米的概率。

(2) 射击3发炮弹至少有1发炮弹的纵向偏差绝对值不超过30米的概率。

分析　由于炮击某目标的纵向偏差$X\sim N(0, 20^2)$，要计算的是概率$P\{|X|<30\}$。由于$P\{|X|<30\}=P\{-30<X<30\}=\Phi\left(\dfrac{30-0}{20}\right)-\Phi\left(\dfrac{-30-0}{20}\right)=\Phi(1.5)-\Phi(-1.5)$，查正态分布表可解得。对于第(2)题，射击3次可以看作3重贝努里试验。设事件$A=\{$炮弹纵向偏差绝对值不超过30米$\}$；Y为3次射击中炮弹纵

向偏差绝对值不超过 30 米的次数，Y 是随机变量，那么所求的概率是 3 重贝努里试验中事件 A 至少发生 1 次的概率：即 $P\{Y\geqslant 1\}=P_3(1)+P_3(2)+P_3(3)$，用对立事件来计算较方便。

解 (1) $P\{|X|<30\}=P\{-30<X<30\}=\Phi\left(\frac{30-0}{20}\right)-\Phi\left(\frac{-30-0}{20}\right)=\Phi(1.5)-\Phi(-1.5)=2\Phi(1.5)-1\approx 0.8664$

(2) 设 Y 表示在 3 次射击中炮弹纵向偏差绝对值不超过 30 米的次数，则 $Y\sim B(3, 0.8664)$；事件 $B=\{$射击 3 次至少 1 发炮弹纵向偏差绝对值不超过 30 米$\}$，则 $B=\{Y\geqslant 1\}$，且

$$P(B)=P\{Y\geqslant 1\}=1-P\{Y=0\}=1-C_3^0\times 0.8664^0\times 0.1336^3\approx 0.9976$$

习 题 14－4

2. 设随机变量 X 的概率分布解如表 14－9 所示。

表 14－9 X 的分布律

X	-1	0	1
P	$\frac{1}{2}$	$\frac{1}{4}$	$\frac{1}{4}$

试求：(1) $E(X)$。(2) $E(2X-3)$。(3) $D(X)$。(4) $D(2-3X)$。

分析 应用 $E(X)=\sum x_i p_i$，$D(X)=E(X^2)-[E(X)]^2$ 及性质来计算。

解 (1) $E(X)=-1\times\frac{1}{2}+0\times\frac{1}{4}+1\times\frac{1}{4}=-\frac{1}{4}$

(2) $E(2X-3)=2E(X)-3=-\frac{2}{4}-3=-\frac{7}{2}$

(3) $D(X)=E(X^2)-[E(X)]^2=(-1)^2\times\frac{1}{2}+0^2\times\frac{1}{4}+1^2\times\frac{1}{4}-\left(-\frac{1}{4}\right)^2=\frac{11}{16}$

(4) $D(2-3X)=(-3)^2D(X)=\frac{99}{16}$

3. 甲、乙 2 台自动车床加工同一型号的产品，生产 1 000 件产品所含次品数各用

X，Y 表示，已知 X，Y 的分布律如表 14－10 和 14－11 所示。

表 14－10　X 的分布律

X	0	1	2	3
P	0.6	0.2	0.1	0.1

表 14－11　Y 的分布律

Y	0	1	2	3
P	0.5	0.2	0.2	0.1

问哪一台的平均次品数较少？

分析　平均次品数即是 X，Y 的数学期望，所以问题为比较 $E(X)$，$E(Y)$ 的大小。

解　因为甲台自动车床加工的产品平均次品数为：

$$E(X)=0\times0.6+1\times0.2+2\times0.1+3\times0.1=0.7$$

乙台自动车床加工的产品平均次品数为：

$$E(Y)=0\times0.5+1\times0.2+2\times0.2+3\times0.1=0.9$$

所以甲台自动车床加工的产品平均次品数较少。

5. 盒中有 5 个球，其中 3 个白球，2 个黑球。从中任取 2 个球，求取得的白球数 X 的数学期望和方差。

分析　取得的白球 X 是一个离散型随机变量，首先求出 X 的分布律，再用定义计算其数学期望和方差。

解　随机变量 X 的分布律如表 14－12 所示。

表 14－12　X 的分布律

X	0	1	2
p	$\frac{1}{10}$	$\frac{3}{5}$	$\frac{3}{10}$

$$E(X)=0\times\frac{1}{10}+1\times\frac{3}{5}+2\times\frac{3}{10}=\frac{6}{5}$$

$$E(X^2)=(0^2)\times\frac{1}{10}+1^2\times\frac{3}{5}+2^2\times\frac{3}{10}=\frac{9}{5}$$

所以 $D(X)=E(X^2)-[E(X)]^2=\frac{9}{5}-\left(\frac{6}{5}\right)^2=\frac{9}{25}$

6. 某人购买福利彩票，某期开奖中了一等奖，奖金从人民币 5 万元到 100 万元不等。具体得奖多少要待下一次由他去电视台亲自转“大转盘”转出。此大转盘共设 100 格奖格（大小一样），其中每格 100 万元的有 10 格；每格 50 万元的有 10 格；每格 40 万元的有 10 格；每格 30 万元的有 20 格；每格 20 万元的有 20 格；每格 10 万元的有 20 格；每格 5 万元的有 10 格。问他期望能得奖多少万元？

分析 设得奖 X 万元，显然 X 是随机变量，而且是离散型随机变量，他期望能得的奖，即是 X 的数学期望。所以应首先求出 X 的分布律，再用定义计算 X 的数学期望。

解 随机变量 X 的分布律如表 14－13 所示。

表 14－13 X 的分布律

X	5	10	20	30	40	50	100
p	$\frac{1}{10}$	$\frac{1}{5}$	$\frac{1}{5}$	$\frac{1}{5}$	$\frac{1}{10}$	$\frac{1}{10}$	$\frac{1}{10}$

期望得奖值为：

$$E(X)=5\times\frac{1}{10}+10\times\frac{1}{5}+20\times\frac{1}{5}+30\times\frac{1}{5}+40\times\frac{1}{10}+50\times\frac{1}{10}+100\times\frac{1}{10}=31.5(\text{万元})$$

7. 设随机变量 X 的分布密度为

$$p(x)=\begin{cases}2(1-x), & 0<x<1\\ 0 & ,\text{其他}\end{cases}$$

求：(1) $E(X)$。(2) $D(X)$。

分析 按照连续型随机变量数学期望及方差的计算方法来解：

$$E(X)=\int_{-\infty}^{+\infty}xp(x)\mathrm{d}x,\ E(X^2)=\int_{-\infty}^{+\infty}x^2p(x)\mathrm{d}x,\ D(X)=E(X^2)-[E(X)]^2$$

解　$E(X)=\int_{-\infty}^{+\infty}xp(x)\mathrm{d}x=\int_0^1 2x(1-x)\mathrm{d}x=\left[x^2-\frac{2}{3}x^3\right]_0^1=\frac{1}{3}$

(2) $E(X^2)=\int_{-\infty}^{+\infty}x^2p(x)\mathrm{d}x=\int_0^1 2x^2(1-x)\mathrm{d}x=\frac{2}{3}x^3\Big|_0^1-\frac{1}{2}x^4\Big|_0^1=\frac{1}{6}$

$$D(X)=E(X^2)-[E(X)]^2=\frac{1}{6}-\left(\frac{1}{3}\right)^2=\frac{1}{18}$$

第四节　测试题及其解答

一、测 试 题

(一) A　　卷

1. 单项选择题。

(1) 已知 $P\{X=k\}=A\cdot\frac{k}{10}\ (k=1,2,\cdots,10)$，则 $A=$(　　)；

a. $\frac{11}{2}$　　　　b. $\frac{2}{11}$

c. $\frac{1}{5}$　　　　d. $\frac{1}{6}$

(2) 设随机变量 $X\sim N(\mu,\sigma^2)$，则其密度函数为(　　)；

a. $p(x)=\frac{1}{2\pi\sigma}e^{-\frac{(x-\mu)^2}{2\sigma^2}}$　　　　b. $p(x)=\frac{1}{\sqrt{2\pi}}e^{-\frac{x^2}{2}}$

c. $p(x)=\frac{1}{\sqrt{2\pi}}e^{-\frac{(x-\mu)^2}{2\sigma^2}}$　　　　d. $p(x)=\frac{1}{\sqrt{2\pi}\sigma}e^{-\frac{(x-\mu)^2}{2\sigma^2}}$

(3) 设随机变量 X 服从参数 $\lambda=2$ 的指数分布，则其密度函数为(　　)。

a. $p(x)=2e^{-2x}$　　　　b. $p(x)=2e^{2x}$

c. $p(x)=\begin{cases}2e^{-2x}, & x\geqslant 0\\ 0, & x<0\end{cases}$　　　　d. $p(x)=\begin{cases}1-e^{-2x}, & x\geqslant 0\\ 0, & x<0\end{cases}$

2. 填空题。

(1) 设随机变量 X 的分布密度为

$$F(x)=\begin{cases}x^3, & 0\leqslant x\leqslant 1\\ 0, & 其他\end{cases}$$

则其密度函数 $p(x)$为________。

(2) 设随机变量 $X\sim U[1, 5]$,则 $P\{2<x<4\}=$________。

(3) 设随机变量 X 的数学期望 $E(X)=1$,则 $E(2X+3)=$________。

3. 一批零件共有 12 个,其中有 9 个正品和 3 个废品,安装机器时,从这批零件中任取 1 个,若每次取出的废品不再放回,然后再取 1 个零件,直到取到正品为止。求在取得正品前已取出的废品数的分布律。

4. 已知某电子产品的使用寿命 X(小时)的密度函数为

$$p(x)=\begin{cases}\dfrac{1}{1\,000}\cdot e^{-Ax}, & x\geqslant 0\\ 0, & x<0\end{cases}\quad A>0$$

求:(1) 常数 A。

(2) 该电子产品的使用寿命大于 900 小时的概率。

5. 某同龄落叶松人工林,胸径 X 服从正态分布 $N(10, 0.08^2)$,若为了采伐其中的若干株作为某种特定用途,规定胸径在 10 ± 0.15 内为合格,问在该林中任意抽取 1 株,能合乎要求的概率多大?

6. 设随机变量 $X\sim N(5, 4^2)$,求概率:$P\{X\leqslant 9\}$, $P\{X\geqslant 10\}$, $P\{2<X<8\}$。

7. 设 X 的密度函数为

$$p(x)=\begin{cases}1+x, & -1\leqslant x\leqslant 0\\ 1-x, & 0<x\leqslant 1\\ 0, & 其他\end{cases}$$

求:$E(X)$; $E(2-5X)$; $D(X)$; $D(1-2X)$。

(二) B 卷

1. 单项选择题。

(1) 已知随机变量 X 的分布律如表 14-14 所示。

表 14-14 X 的分布律

X	-2	-1	3	4
p	0.2	0.1	0.4	0.3

则 $P\{X<3\}=($　　$)$。

a. 0.2　　b. 0.3　　c. 0.7　　d. 1

(2) 设随机变量 X 服从泊松分布,则其概率分布律为(　　)。

a. $P\{X=k\}=C_n^k p^k(1-p)^{n-k}(0<p<1,\ k=0,1,2,\cdots,n)$

b. $P\{X=k\}=\dfrac{\lambda}{k!}e^{-\lambda}(\lambda>0,\ k=0,1,2,\cdots,n\cdots)$

c. $P\{X=k\}=\dfrac{\lambda^k}{k!}e^{-\lambda}(\lambda>0,\ k=0,1,2,\cdots,n\cdots)$

d. $P\{X=k\}=\dfrac{\lambda^k}{k!}e^{-\lambda}(\lambda>0,\ k=0,1,2,\cdots,n)$

(3) 设随机变量 X 的服从 $N(\mu,\sigma^2)$,其分布函数为 $F(x)$, $\Phi(x)$是标准正态分布函数,则 $P\{a\leqslant X<b\}=($　　$)$。

a. $\Phi(b)-\Phi(a)$　　b. $F\left(\dfrac{b-\mu}{\sigma}\right)-F\left(\dfrac{a-\mu}{\sigma}\right)$

c. $F\left(\dfrac{b-\mu}{\sigma}\right)-\Phi\left(\dfrac{a-\mu}{\sigma}\right)$　　d. $\Phi\left(\dfrac{b-\mu}{\sigma}\right)-\Phi\left(\dfrac{a-\mu}{\sigma}\right)$

2. 填空题。

(1) 设随机变量 X 的分布函数为

$$F(x)=\begin{cases}1-e^{-x}, & x\geqslant 0\\ 0, & x<0\end{cases}$$

则 $P\{1\leqslant X\leqslant 2\}=$ ________。

(2) 设随机变量 $X\sim N(\mu,\sigma^2)$。其密度函数为

$$p(x)=\frac{1}{2\sqrt{\pi}}e^{-\frac{(x-3)^2}{4}}\quad(-\infty<x<+\infty)$$

则 $\mu=$ ________, $\sigma=$ ________。

(3) 设随机变量 X 的方差 $D(X)=2$,则 $D(3-2X)=$ ________。

3. 在区间$[0,a]$上任意投掷一个质点,用 X 表示这个质点的坐标,设这个质点落在$[0,a]$中任意小区间内的概率与这个小区间的长度成正比例,试求 X 的分布函数。

4. 设随机变量 X 的密度函数为:

$$p(x)=\begin{cases}Ax^2-\dfrac{1}{8}, & \dfrac{1}{2}\leqslant x\leqslant 1\\ 0, & 其他\end{cases}$$

求：(1) 常数 A。(2) $P\{X<1\}$，$P\left\{|X|>\frac{3}{4}\right\}$

5. 由某机器生产的螺栓的长度(cm)服从参数 $\mu=10.05$，$\sigma=0.06$ 的正态分布，规定长度在范围 10.05 ± 0.12 内为合格品，求一螺栓为不合格的概率是多少？

6. 设随机变量 $X\sim N(2,\ 4)$，求概率：$P\{-1<X<3\}$，$P\{|X-1|<3\}$。

7. 设随机变量 X 的密度函数为

$$p(x)=\begin{cases}3(1-x)^2, & 0\leqslant x\leqslant 1\\ 0, & \text{其他}\end{cases}$$

求：$D(X)$。

二、测试题解答

(一) A 卷解答

1. 单项选择题。

(1)	(2)	(3)
b	d	c

(1) $\sum_{k=1}^{10}P\{X=k\}=\frac{A}{10}+\frac{2A}{10}+\cdots+\frac{10A}{10}=\frac{11}{2}A$ 又 $\sum_{k=1}^{10}P\{X=k\}=1$，所以 $A=\frac{2}{11}$，故选 b。

(2) (略)

(3) (略)

2. (1) $p(x)=\begin{cases}3x^2, & 0\leqslant x\leqslant 1\\ 0\end{cases}$

(2) $P\{2<X<4\}=\frac{4-2}{5-1}=\frac{1}{2}$

(3) $E(2X+3)=2E(X)+3=5$

3. 设在取得正品前已取出的废品数为 X，则 X 可能取的值为：0，1，2，3。

所以取得正品前已取出的废品数 X 的分布律为

$$P\{X=0\}=\frac{3}{4}$$

$$P\{X=1\}=\frac{3}{12}\times\frac{9}{11}=\frac{9}{44}$$

$$P\{X=2\}=\frac{3}{12}\times\frac{2}{11}\times\frac{9}{10}=\frac{9}{220}$$

$$P\{X=3\}=\frac{3}{12}\times\frac{2}{11}\times\frac{1}{10}\times\frac{9}{9}=\frac{1}{220}$$

即如表 14－15 所示。

表 14－15　X 的分布律

X	0	1	2	3
p	$\frac{3}{4}$	$\frac{9}{44}$	$\frac{9}{220}$	$\frac{1}{220}$

4. (1) 因为 $\int_{-\infty}^{+\infty} p(x)\mathrm{d}x=1$

所以 $\int_{0}^{+\infty}\frac{1}{1\,000}\cdot \mathrm{e}^{-Ax}\mathrm{d}x=\frac{-1}{1\,000A}\mathrm{e}^{-Ax}\Big|_{0}^{+\infty}=\frac{1}{1\,000A}$

得 $A=\frac{1}{1\,000}$

(2) $P\{X>900\}=\int_{900}^{+\infty}\frac{1}{1\,000}\cdot \mathrm{e}^{-\frac{1}{1\,000}x}\mathrm{d}x=-\mathrm{e}^{-\frac{1}{1\,000}x}\Big|_{900}^{+\infty}=\mathrm{e}^{-\frac{9}{10}}\approx 0.406\,57$。

5. 根据题意知道，$X\sim N(10,\ 0.08^2)$，所求概率为

$$P\{10-0.15<X<10+0.15\}=\Phi\left(\frac{0.15}{0.08}\right)-\Phi\left(\frac{-0.15}{0.08}\right)=$$

$$2\Phi\left(\frac{0.15}{0.08}\right)-1=2\Phi(1.875)-1\approx 0.939\,2$$

6. $P\{X\leqslant 9\}=\Phi\left(\frac{9-5}{4}\right)=\Phi(1)=0.841\,3$

$$P\{X\geqslant 10\}=1-P\{X<10\}=1-\Phi\left(\frac{10-5}{4}\right)=$$

$$1-\Phi(0.25)=1-0.598\,7=0.401\,3$$

$$P\{2<X<8\}=\Phi\left(\frac{8-5}{4}\right)-\Phi\left(\frac{2-5}{4}\right)=\Phi(0.75)-\Phi(-0.75)=$$

$$2\Phi(0.75)-1=0.546\,8$$

7. $E(X)=\int_{-\infty}^{+\infty}xp(x)\mathrm{d}x=\int_{-1}^{0}x(1+x)\mathrm{d}x+\int_{0}^{1}x(1-x)\mathrm{d}x=0$

$E(2-5X)=2-5E(X)=2$

$[E(X)]^2=\int_{-1}^{0}x^2(1+x)\mathrm{d}x+\int_{0}^{1}x^2(1-x)\mathrm{d}x=\dfrac{1}{6}$

所以$D(X)=E(X^2)-[E(X)]^2=\dfrac{1}{6}-0=\dfrac{1}{6}$

$$D(1-2X)=(-2)^2D(X)=\frac{2}{3}$$

(二) B 卷解答

1. 单项选择题。

(1)	(2)	(3)
b	c	d

(1) 事件 $\{X<3\}=\{X=-2\}+\{X=-1\}$，所以

$P\{X<3\}=P\{X=-2\}+P\{X=-1\}=0.2+0.1=0.3$，故选 b。

(2)（略）

(3)（略）

2. (1) 事件 $\{1\leqslant X\leqslant 2\}=\{1<X\leqslant 2\}+\{X=1\}$

$$P\{1\leqslant X\leqslant 2\}=P\{1<X\leqslant 2\}+P\{X=1\}=F(2)-F(1)+0=\mathrm{e}^{-1}-\mathrm{e}^{-2}$$

(2) $\mu=3$，$\sigma=\sqrt{2}$

(3) $D(3-2X)=(-2)^2D(X)=8$

3. 根据题意随机变量 X 服从$[0,a]$上的均匀分布，所以其密度函数为

$$p(x)=\begin{cases}\dfrac{1}{a}, & 0\leqslant x\leqslant a\\ 0, & \text{其他}\end{cases}$$

其分布函数为

$$F(x)=P\{X\leqslant x\}=\int_{-\infty}^{x}p(x)\mathrm{d}x=\begin{cases}0\ , & x<0\\ \dfrac{x}{a}, & 0\leqslant x<1\\ 1\ , & x\geqslant 1\end{cases}$$

4. (1) $\int_{-\infty}^{-\infty}p(x)\mathrm{d}x=\int_{\frac{1}{2}}^{1}\left(Ax^2-\frac{1}{8}\right)\mathrm{d}x=\left(\frac{A}{3}x^3-\frac{1}{8}x\right)\Big|_{\frac{1}{2}}^{1}=\frac{7A}{24}-\frac{1}{16}$

又 $\int_{-\infty}^{+\infty}p(x)\mathrm{d}x=1$

所以 $\frac{7A}{24}-\frac{1}{16}=1$

得 $A=\frac{51}{14}$

(2) $P\{X<1\}=\int_{-\infty}^{1}p(x)\mathrm{d}x=\int_{\frac{1}{2}}^{1}\left(\frac{51}{14}x^2-\frac{1}{8}\right)\mathrm{d}x=1$

$$P\left\{|X|>\frac{3}{4}\right\}=P\left\{-\frac{3}{4}>X\right\}+P\left\{X>\frac{3}{4}\right\}=$$

$$\int_{-\infty}^{-\frac{3}{4}}p(x)\mathrm{d}x+\int_{\frac{3}{4}}^{+\infty}p(x)\mathrm{d}x=\int_{\frac{3}{4}}^{1}\left(\frac{51}{14}x^2-\frac{1}{8}\right)\mathrm{d}x=$$

$$\left(\frac{17}{14}x^3-\frac{1}{8}x\right)\Big|_{\frac{3}{4}}^{1}=\frac{601}{896}$$

5. 设螺栓的长度为 X(单位：厘米)，根据题意知：$X\sim N(10.05,0.06^2)$，则合格品即 $X\in(9.93,10.17)$，不合格品 $X\in(-\infty,9.93]\cup[10.17,+\infty)$，所以

螺栓为不合格的概率是 $P\{X\leqslant 9.93\}+P\{X\geqslant 10.17\}$

利用标准正态分布表：

$$P\{X\leqslant 9.93\}+P\{X\geqslant 10.17\}=F(9.93)+1-F(10.17)=$$

$$\Phi\left(\frac{9.93-10.05}{0.06}\right)+1-\Phi\left(\frac{10.17-10.05}{0.06}\right)=$$

$$\Phi(-2)+1-\Phi(2)=2-2\Phi(2)=0.0456$$

6. $P\{-1<X<3\}=\Phi\left(\frac{3-2}{2}\right)-\Phi\left(\frac{-1-2}{2}\right)=\Phi(0.5)-\Phi(-1.5)=$

$$\Phi(0.5)+\Phi(1.5)-1=0.6915+0.9332-1=$$

$$0.6247$$

$P\{|X-1|<3\}=P\{-2<X<4\}=\Phi\left(\frac{4-2}{2}\right)-\Phi\left(\frac{-2-2}{2}\right)=$

$$\Phi(1)-\Phi(-2)=\Phi(1)+\Phi(2)-1=$$
$$0.8417+0.9772-1=0.8189$$

7. $E(X)=\int_{-\infty}^{+\infty}xp(x)\mathrm{d}x=\int_{0}^{1}3x(1-x)^{2}\mathrm{d}x=\left(\frac{3}{4}x^{4}-2x^{3}+\frac{3}{2}x^{2}\right)\Big|_{0}^{1}=\frac{1}{4}$

$E(X^{2})=\int_{-\infty}^{+\infty}x^{2}p(x)\mathrm{d}x=\int_{0}^{1}3x^{2}(1-x^{2})\mathrm{d}x=\left(\frac{3}{5}x^{5}-\frac{6}{4}x^{4}+x^{3}\right)\Big|_{0}^{1}=\frac{1}{10}$

所以 $D(X)=E(X^{2})-[E(X)]^{2}=\frac{1}{10}-\left(\frac{1}{4}\right)^{2}=\frac{3}{80}$

第十五章 统 计 分 析

第一节 内 容 提 要

1. 总体与样本

研究对象的某项或某几项数量指标可能取得的全体所组成的集合称为总体(或母体),组成总体的每一个元素称为个体。如果研究对象仅涉及一项数量指标,此时的总体记为 X,X 为随机变量。

从总体 X 中抽取 n 个个体 $X_1, X_2, \cdots, X_n$,称为总体 X 的样本(或子样),n 称为样本的容量。一般称 $n \geqslant 50$ 的样本为大样本,$n < 50$ 的样本为小样本。因为每一个 $X_i (i=1, 2, \cdots, n)$ 是从总体 X 中随机抽取的,所以 $X_1, X_2, \cdots, X_n$ 应被看成 n 个随机变量。在每一次抽取后,得到一组确定的数据,记作 $x_1, x_2, \cdots, x_n$,称为样本观测值,简称样本值。

满足下面两个要求的样本称为简单随机样本:

(1) 代表性。样本中的每一个个体与总体具有相同的分布。

(2) 独立性。样本的个体之间是相互独立互不影响的。

对有限总体采用放回抽样的方法得到的样本是简单随机样本;对无限总体或个体数较大的有限总体采用不放回抽样的方法也可以得到简单随机样本。

2. 统计量

设 $X_1, X_2, \cdots, X_n$ 是总体 X 的样本,函数 $f(x_1, x_2, \cdots, x_n)$ 是连续函数,并且不含有总体 X 的任何未知参数,则称 $f(X_1, X_2, \cdots, X_n)$ 为统计量。由于样本是随机变量,因此统计量也是随机变量,常用的统计量有

(1) 样本均值 $\overline{X} = \dfrac{1}{n} \sum\limits_{i=1}^{n} X_i$。

(2) 样本方差 $S^2 = \dfrac{1}{n-1} \sum\limits_{i=1}^{n} (X_i - \overline{X})^2$。

(3) 样本标准差 $S = \sqrt{\dfrac{1}{n-1} \sum\limits_{i=1}^{n} (X_i - \overline{X})^2}$。

(4) 调和平均值 $H=\dfrac{n}{\dfrac{1}{X_1}+\dfrac{1}{X_2}+\cdots+\dfrac{1}{X_n}}$。

(5) 几何平均值 $G=\sqrt[n]{X_1X_2\cdots X_n}$。

(6) 中位数 $M_e=\begin{cases}X_{\frac{n+1}{2}}, & \text{当 } n \text{ 为奇数时}\\ \dfrac{X_{\frac{n}{2}}+X_{\frac{n+1}{2}}}{2}, & \text{当 } n \text{ 为偶数时}\end{cases}$。

如果 $x_1, x_2, \cdots, x_n$ 是样本 $X_1, X_2, \cdots, X_n$ 的一组观测值,从而可以得到样本均值、样本方差、样本标准差,用小写字母$\bar{x}$、s^2、s 表示,即

$$\bar{x}=\frac{1}{n}\sum_{i=1}^{n}x_i,\quad s^2=\frac{1}{n-1}\sum_{i=1}^{n}(x_i-\bar{x})^2,\quad s=\sqrt{\frac{1}{n-1}\sum_{i=1}^{n}(x_i-\bar{x})^2}$$

$$h=\frac{n}{\sum\limits_{i=1}^{n}\frac{1}{x_i}},\quad g=\sqrt[n]{\prod_{i=1}^{n}x_i},\quad m_e=\begin{cases}x_{\frac{n+1}{2}}, & \text{当 } n \text{ 为奇数时}\\ \dfrac{x_{\frac{n}{2}}+x_{\frac{n+1}{2}}}{2}, & \text{当 } n \text{ 为偶数时}\end{cases}$$

3. 常用抽样分布

(1) 统计量 U 的分布。设总体 $X\sim N(\mu, \sigma^2)$, μ, σ^2 为已知参数, $X_1, X_2, \cdots, X_n$ 是取自总体 X 的一个样本, $\overline{X}$ 为样本均值,则称统计量

$$U=\frac{\overline{X}-\mu}{\frac{\sigma}{\sqrt{n}}}$$

为 U 统计量,且 $U\sim N(0, 1)$。

对于给定的 $\alpha\in(0, 1)$,查标准正态分布表可得临界值 $u_{1-\alpha}$,使其满足

$$P\{U\leqslant u_{1-\alpha}\}=1-\alpha$$

(2) 统计量 χ^2的分布。设总体 $X\sim N(\mu, \sigma^2)$, σ^2为已知参数 $X_1, X_2, \cdots, X_n$ 是取自总体 X 的一个样本, S^2 为样本方差,则称统计量

$$\chi^2=\frac{(n-1)S^2}{\sigma^2}$$

为自由度 $n-1$ 的 χ^2统计量,其概率分布称为自由度是 $n-1$ 的 χ^2 分布,记作

$\chi^2 \sim \chi^2(n-1)$。

对于给定的 $\alpha \in (0, 1)$，由自由度 $n-1$ 的 χ^2 分布表得到临界值 $\chi_\alpha^2(n-1)$，使

$$P\{\chi^2 \geqslant \chi_\alpha^2(n-1)\} = \alpha$$

(3) 统计量 T 的分布。设总体 $X \sim N(\mu, \sigma^2)$，μ 为已知参数，$X_1, X_2, \cdots, X_n$ 是取自总体 X 的一个样本，$\overline{X}$ 为样本均值，S^2 为样本方差，则称统计量

$$T = \frac{\overline{X} - \mu}{\frac{S}{\sqrt{n}}}$$

为自由度 $n-1$ 的 T 统计量，其概率分布称为自由度是 $n-1$ 的 t 分布，记作 $T \sim t(n-1)$。

对于给定的 $\alpha \in (0, 1)$，由自由度 $n-1$ 的 t 分布表得到临界值 $t_\alpha(n-1)$，使

$$P\{T \geqslant t_\alpha(n-1)\} = \alpha$$

4. 点估计

由样本 $X_1, X_2, \cdots, X_n$ 构造一个统计量 $\hat{\theta} = \hat{\theta}(X_1, X_2, \cdots, X_n)$ 来估计未知参数 θ，称统计量 $\hat{\theta}$ 为 θ 的估计量。若 $x_1, x_2, \cdots, x_n$ 为样本的一组观测值，估计量 $\hat{\theta}$ 的值 $\hat{\theta}(x_1, x_2, \cdots, x_n)$ 称为 θ 的估计值，仍简记为 $\hat{\theta}$。数字特征估计法和极大似然估计法是两种常用的点估计方法。

(1) 数字特征估计法。用样本均值 $\overline{X}$ 估计总体均值 μ，用样本方差 S^2 估计总体方差 σ^2，即

$$\hat{\mu} = \overline{X},\ \hat{\sigma}^2 = S^2$$

(2) 极大似然估计法。极大似然估计法是以样本出现的概率为最大来确定总体未知参数的估计量的方法。

设 $X_1, X_2, \cdots, X_n$ 是总体 X 的一个样本，$x_1, x_2, \cdots, x_n$ 是样本 $X_1, X_2, \cdots, X_n$ 的一组观测值。

设总体 X 的密度函数为 $p(x, \theta)$，其中 θ 是未知参数。则似然函数为

$$L(\theta) = \prod_{i=1}^{n} p(x_i, \theta)$$

当样本给定时，若有 $\hat{\theta}$，使得

$$L(\hat{\theta}) = \max L(\theta)$$

则称$\hat{\theta}$为 θ 的极大似然估计量。

当 $L(\theta)$可微时，$\hat{\theta}$满足似然方程

$$\frac{\mathrm{d}}{\mathrm{d}\theta}(\ln L) = 0$$

解似然方程即可得到 θ 的极大似然估计量$\hat{\theta}$。

5. 估计量的无偏性和有效性

设$\hat{\theta}$是未知参数 θ 的一个估计量，如果 $E(\hat{\theta}) = \theta$，则称$\hat{\theta}$为 θ 的无偏估计量。

设$\hat{\theta}_1$和$\hat{\theta}_2$是 θ 的两个无偏估计量，如果 $D(\hat{\theta}_1) < D(\hat{\theta}_2)$，则称$\hat{\theta}_1$比$\hat{\theta}_2$有效。

6. 区间估计

通过样本寻求参数 θ 的一个范围，使其能以给定的概率包含未知参数的真值 θ，这种对未知参数 θ 进行估计的方法称为区间估计。正态总体的参数 μ 与σ^2的置信度为 $1-\alpha$ 的置信区间如表 15－1 所示。

表 15－1　μ—5σ^2的置信区间

估计参数		统计量	置信区间
μ	σ^2已知	$U = \dfrac{\overline{X}-\mu}{\dfrac{\sigma}{\sqrt{n}}} \sim N(0,1)$	$\left(\overline{X}-\dfrac{\sigma}{\sqrt{n}}\cdot u_{\frac{\alpha}{2}},\ \overline{X}+\dfrac{\sigma}{\sqrt{n}}\cdot u_{\frac{\alpha}{2}}\right)$
	σ^2未知	$T = \dfrac{\overline{X}-\mu}{\dfrac{S}{\sqrt{n}}} \sim t(n-1)$	$\left(\overline{X}-\dfrac{S}{\sqrt{n}}\cdot t_{\frac{\alpha}{2}}(n-1),\ \overline{X}+\dfrac{S}{\sqrt{n}}\cdot t_{\frac{\alpha}{2}}(n-1)\right)$
σ^2		$\chi^2 = \dfrac{(n-1)S^2}{\sigma^2} \sim \chi^2(n-1)$	$\left(\dfrac{(n-1)S^2}{\chi^2_{\frac{\alpha}{2}}(n-1)},\ \dfrac{(n-1)S^2}{\chi^2_{1-\frac{\alpha}{2}}(n-1)}\right)$

7. 假设检验

对总体 X 作出某种假设(记为 H_0)，然后利用样本信息对假设 H_0 进行检验，从而作出拒绝还是接受假设 H_0 的结论，这种统计方法称为假设检验。拒绝还是接受假设 H_0 是以小概率原理为准则的。

假设检验的一般步骤如下：

(1) 根据给定问题提出假设 H_0。

(2) 构造适当的统计量，在 H_0 成立的条件下确定它的分布。

(3) 选取适当的显著性水平 α，由统计量的分布确定对应于 α 的临界值。

(4) 由样本值计算统计量的值，确定接收假设 H_0 还是拒绝假设 H_0。

正态总体均值 μ 与方差 σ^2 假设检验方法汇总如表 15 - 2 所示。

表 15 - 2　μ 与 σ^2 假设检验方法汇总

被检参数		假设 H_0	统　计　量	水平 α 下的临界值
μ	σ^2 已知	$H_0: \mu = \mu_0$	$U = \dfrac{\overline{X} - \mu_0}{\dfrac{\sigma}{\sqrt{n}}} \sim N(0, 1)$	$u_{\frac{\alpha}{2}}$
	σ^2 未知	$H_0: \mu = \mu_0$	$T = \dfrac{\overline{X} - \mu_0}{\dfrac{S}{\sqrt{n}}} \sim t(n-1)$	$t_{\frac{\alpha}{2}}(n-1)$
σ^2		$H_0: \sigma^2 = \sigma_0^2$	$\chi^2 = \dfrac{(n-1)S^2}{\sigma_0^2} \sim \chi^2(n-1)$	$\chi^2_{\frac{\alpha}{2}}(n-1)$，$\chi^2_{1-\frac{\alpha}{2}}(n-1)$

8. 相关与回归分析

相关分析是对变量之间的相关关系进行分析研究的一种统计方法。回归分析是对具有相关关系的变量转变为函数关系，并建立变量之间的数学表达式，来研究变量之间数量变动关系的统计分析方法。

(1) 相关关系的检验。进行相关关系的分析，判断变量 Y 与 x 之间是否存在相关关系。

我们用相关系数 $r = \dfrac{L_{xy}}{\sqrt{L_{xx}L_{yy}}}$ 来确定。利用相关系数 r 进行线性相关关系显著性检验的方法和步骤如下：

第一，根据观测值计算相关系数 r 的数值。

第二，选择显著性水平 α，查自由度为 $n-2$ 相关系数检验表，可得相应的临界值 $r_\alpha(n-2)$。

第三，判断显著性：若 $r > r_\alpha(n-2)$，则认为 Y 与 x 之间的线性相关关系显著；若 $r \leqslant r_\alpha(n-2)$，则认为 Y 与 x 之间的线性相关关系不显著。

(2) 确定回归直线方程。若以 x 表示自变量，y 表示因变量，则其基本形式为：

$$\hat{y} = a + bx$$

式中，$\hat{y}$为回归估计值。参数 a，b 的公式如下：

$$\begin{cases} \hat{a} = \bar{y} - \hat{b}\bar{x} \\ \hat{b} = \dfrac{L_{xy}}{L_{xx}} \end{cases}$$

第二节　例 题 分 析

【例 1】　考察一批零件的尺寸与设计标准的误差，抽取 8 个零件，测得尺寸，计算出误差(单位：厘米)如下：

1.2　0.9　1.0　0.9　1.1　0.8　0.7　1.0

试计算样本均值、样本方差、调和平均值、几何平均值和中位数。

分析　考虑这批零件的尺寸与设计标准的误差全体为总体，题中 8 个数值是容量为 8 的样本的一次观测值，分别代入样本均值、样本方差的表达式，可计算出样本均值、样本方差的值。

解　因为样本均值 $\overline{X} = \dfrac{1}{8}\sum_{i=1}^{8} X_i$，所以样本均值的值为

$$\bar{x} = \frac{1}{8} \times (1.2 + 0.9 + 1.0 + 0.9 + 1.1 + 0.8 + 0.7 + 1.0) = 0.95$$

样本方差 $S^2 = \dfrac{1}{8-1}\sum_{i=1}^{8}(X_i - \overline{X})^2$，所以样本方差的值为

$$s^2 = \frac{1}{7} \times [(1.2-0.95)^2 + (0.9-0.95)^2 + (1.0-0.95)^2 + (0.9-0.95)^2 + (1.1-0.95)^2 + (0.8-0.95)^2 + (0.7-0.95)^2 + (1.0-0.95)^2] = 0.0257$$

调和平均值 $H = \dfrac{8}{\dfrac{1}{X_1} + \dfrac{1}{X_2} + \cdots + \dfrac{1}{X_8}}$，所以调和平均值为

$$h = \frac{8}{\frac{1}{1.2} + \frac{1}{0.9} + \frac{1}{1.0} + \frac{1}{0.9} + \frac{1}{1.1} + \frac{1}{0.8} + \frac{1}{0.7} + \frac{1}{1.0}} = 0.9256$$

几何平均值 $G=\sqrt[8]{X_1X_2\cdots X_8}$，所以几何平均值为

$$g=\sqrt[8]{1.2\times 0.9\times 1.0\times 0.9\times 1.1\times 0.8\times 0.7\times 1.0}=0.9379$$

中位数 $M_e=\dfrac{X_4+X_5}{2}$，所以中位数为

$$m_e=\frac{0.9+1.0}{2}=0.95$$

【例 2】 设总体 $X\sim N(\mu,\sigma^2)$，其中参数 μ 已知，σ^2 未知，X_1, X_2, X_3, X_4 是取自总体 X 的一个样本，试指出下列哪些是统计量？

(1) $\sum\limits_{i=1}^{4}X_i$

(2) $\dfrac{1}{4}\sum\limits_{i=1}^{4}(X_i-\mu)^2$

(3) $\dfrac{1}{\sigma^2}\sum\limits_{i=1}^{4}(X_i-\mu)^2$

(4) $\min\{X_1, X_2, X_3, X_4\}$

分析 由样本 X_1, X_2, X_3, X_4 构成的随机变量 $f(X_1, X_2, X_3, X_4)$ 如果不含有样本的未知参数，那么 $f(X_1, X_2, X_3, X_4)$ 就是统计量，否则不是统计量。

解 (1),(2),(4)都不含有样本的未知参数 σ^2，所以都是统计量；(3) 含有未知参数 σ^2，故(3)不是统计量。

【例 3】 设总体 X 在区间 $[0,\beta]$ 上服从均匀分布，现取得总体的样本观测值为

$$1.7\quad 0.6\quad 1.2\quad 2.0\quad 0.5$$

试用数字特征估计法估计总体均值、总体方差和参数 β。

分析 由数字特征估计法得，总体均值、总体方差的估计量分别为

$$\hat{\mu}=\bar{x}=\frac{1}{n}\sum_{i=1}^{n}x_i,\ \hat{\sigma}^2=s^2=\frac{1}{n-1}\sum_{i=1}^{n}(x_i-\bar{x})^2$$

代入样本观测值可得 $\hat{\mu}$,$\hat{\sigma}^2$ 的值。

对于 β 的估计，可计算 $E(X)$：

$$E(X)=\int_{-\infty}^{+\infty}xp(x)\mathrm{d}x=\int_0^{\beta}\frac{x}{\beta}\mathrm{d}x=\frac{1}{\beta}\frac{x^2}{2}\bigg|_0^{\beta}=\frac{\beta}{2}$$

得　$\beta = 2E(X)$

从而可求得参数β的估计量为$\hat{\beta} = 2\overline{X}$。

解　(1) 总体均值的估计值为

$$\hat{\mu} = \frac{1}{5} \times (1.7 + 0.6 + 1.2 + 2.0 + 0.5) = 1.2$$

(2) 总体方差的估计值为

$$\hat{\sigma}^2 = \frac{1}{4} \times [(1.7 - 1.2)^2 + (0.6 - 1.2)^2 + (1.2 - 1.2)^2 + (2.0 - 1.2)^2 + (0.5 - 1.2)^2] = 0.433$$

(3) X 的密度函数为

$$p(x) = \begin{cases} \frac{1}{\beta}, & \text{当 } 0 \leqslant x < \beta \text{ 时} \\ 0, & \text{其他} \end{cases}$$

$$E(X) = \int_{-\infty}^{+\infty} xp(x)\mathrm{d}x = \int_0^\beta \frac{x}{\beta}\mathrm{d}x = \frac{1}{\beta}\frac{x^2}{2}\Big|_0^\beta = \frac{\beta}{2}$$

所以　$\beta = 2E(X)$

用样本均值$\bar{x}$来估计 $E(X)$，从而

$$\hat{\beta} = 2\bar{x} = 2.4$$

【例 4】　设 X_1，X_2，X_3是取自总体 X 的一个样本，如下的统计量是否可作为总体 X 均值的无偏估计量？

(1) $\frac{1}{3}X_1 + \frac{2}{3}X_2$　　　　(2) $\frac{1}{2}(X_1 + X_2 + X_3)$

分析　统计量$\hat{\theta}$是否为无偏统计量，只要验证 $E(\hat{\theta})$是否等于 $E(X)$即可。

解　(1) 由于 X_1，X_2，X_3与总体 X 有相同的分布，所以 $E(X_i) = E(X)$ $(i = 1, 2, 3)$，由数学期望的性质，得

$$E\left(\frac{1}{3}X_1 + \frac{2}{3}X_2\right) = \frac{1}{3}E(X_1) + \frac{2}{3}E(X_2) = \frac{1}{3}E(X) + \frac{2}{3}E(X) = E(X)$$

所以$\frac{1}{3}X_1 + \frac{2}{3}X_2$ 是 X 的无偏估计量。

(2) 由于

$$E\left[\frac{1}{2}(X_1+X_2+X_3)\right]=\frac{1}{2}[E(X_1)+E(X_2)+E(X_3)]=$$

$$\frac{1}{2}[E(X)+E(X)+E(X)]=\frac{3}{2}E(X)$$

所以 $\frac{1}{2}(X_1+X_2+X_3)$ 不是 X 的无偏估计量。

【例 5】 设总体 X 的密度函数为

$$p(x,\theta)=\begin{cases}\frac{1}{\theta}e^{-\frac{x}{\theta}}, & \text{当 } x\geqslant 0 \text{ 时}\\ 0, & \text{当 } x<0 \text{ 时}\end{cases}$$

$X_1, X_2, \cdots, X_n$ 是取自 X 的样本。

(1) 求 θ 的极大似然估计量 $\hat{\theta}$。

(2) 判断 $\hat{\theta}$ 是否为 θ 的无偏估计。

分析 求参数 θ 的极大似然估计量的步骤:

(1) 写出似然函数 $L(\theta)=\prod_{i=1}^{n}p(x_i,\theta)$。

(2) 求出 $\ln L$,并求导数 $\frac{d}{d\theta}(\ln L)$。

(3) 解方程 $\frac{d}{d\theta}(\ln L)=0$。

解 (1) 似然函数

$$L(\theta)=\prod_{i=1}^{n}p(x_i,\theta)=\begin{cases}\frac{1}{\theta^n}e^{-\frac{1}{\theta}\sum_{i=1}^{n}x_i}, & \text{当 } x_i\geqslant 0 \text{ 时}\\ 0, & \text{当 } x_i<0 \text{ 时}\end{cases}\quad(i=1,2,\cdots,n)$$

$$\ln L=-n\ln\theta-\frac{1}{\theta}\sum_{i=1}^{n}x_i$$

由似然方程

$$\frac{d}{d\theta}(\ln L)=-\frac{n}{\theta}+\frac{1}{\theta^2}\sum_{i=1}^{n}x_i=0$$

得

$$\theta = \frac{1}{n}\sum_{i=1}^{n} x_i$$

所以 θ 的极大似然估计量为

$$\hat{\theta} = \overline{X}$$

$$(2)\ E(\hat{\theta}) = E\left(\frac{1}{n}\sum_{i=1}^{n} X_i\right) = \frac{1}{n}\sum_{i=1}^{n} E(X_i) = \frac{1}{n}\cdot nE(X) = E(X)$$

而

$$E(X) = \int_{-\infty}^{+\infty} xp(x)\mathrm{d}x = \frac{1}{\theta}\int_{0}^{+\infty} x\mathrm{e}^{-\frac{x}{\theta}}\mathrm{d}x = \lim_{b\to+\infty}\frac{1}{\theta}\int_{0}^{b} x\mathrm{e}^{-\frac{x}{\theta}}\mathrm{d}x =$$

$$\lim_{b\to+\infty} -(x\mathrm{e}^{-\frac{x}{\theta}} + \theta\mathrm{e}^{-\frac{x}{\theta}})\Big|_0^b = \theta$$

所以 $\hat{\theta}$ 是 θ 的无偏估计。

【例 6】 设居民对某种商品的需求量服从正态分布，方差为 9。某商店为了解居民对该商品的需求，调查了 100 家住户，得出每户每月平均需求量为 10，如果这种商品供应给 1 万户居民，试就居民对该种商品的平均需求量进行区间估计($\alpha=0.01$)。

分析 总体的方差 $\sigma^2 = 9$，样本均值 $\bar{x} = 10$。于是当供应 1 万户居民时，该商品的平均需求量(即期望)的区间估计为 $\left(\bar{x} - \frac{\sigma}{\sqrt{n}}\cdot u_{\frac{\alpha}{2}},\ \bar{x} + \frac{\sigma}{\sqrt{n}}\cdot u_{\frac{\alpha}{2}}\right)$。

解 已知 $n = 100, \bar{x} = 10, \sigma^2 = 9, \alpha = 0.01$，查正态分布表得临界值

$$u_{\frac{\alpha}{2}} = u_{0.995} = 2.575$$

所以

$$\bar{x} - \frac{\sigma}{\sqrt{n}}\cdot u_{\frac{\alpha}{2}} = 10 - \frac{\sqrt{9}}{\sqrt{100}}\times 2.575 = 9.227\,5$$

$$\bar{x} + \frac{\sigma}{\sqrt{n}}\cdot u_{\frac{\alpha}{2}} = 10 + \frac{\sqrt{9}}{\sqrt{100}}\times 2.575 = 10.772\,5$$

由此得到居民对该种商品的月平均需求量的置信区间为(9.227 5, 10.772 5)。

【例 7】 设 $x_1, x_2, \cdots, x_n$ 是总体 X 的样本观测值，$X \sim N(\mu, 2^2)$ 已知总体 X 的均值 μ 的置信度 95%的置信区间不超出(11.19, 13.81)，试求样本均值 $\bar{x}$ 和样本容量 n。

分析 由于总体 $X \sim N(\mu, 2^2)$，方差已知，所以水平 α 的置信区间为

$$\left(\bar{x}-\frac{\sigma}{\sqrt{n}}\cdot u_{\frac{\alpha}{2}},\ \bar{x}+\frac{\sigma}{\sqrt{n}}\cdot u_{\frac{\alpha}{2}}\right)$$

而现在置信区间为(11.19, 13.81)，所以

$$\bar{x}-\frac{\sigma}{\sqrt{n}}\cdot u_{\frac{\alpha}{2}}=11.19$$

$$\bar{x}+\frac{\sigma}{\sqrt{n}}\cdot u_{\frac{\alpha}{2}}=13.81$$

解方程，求得 $\bar{x}$ 和 n。

解 因为 $X \sim N(\mu, 2^2)$，$1-\alpha=95\%$，所以 $\alpha=0.05$，所以 $u_{\frac{\alpha}{2}}=u_{0.975}=1.96$，$\alpha$ 的置信区间为 $\left(\bar{x}-\frac{\sigma}{\sqrt{n}}\cdot u_{\frac{\alpha}{2}},\ \bar{x}+\frac{\sigma}{\sqrt{n}}\cdot u_{\frac{\alpha}{2}}\right)$，由此得方程组

$$\begin{cases}\bar{x}-\dfrac{2}{\sqrt{n}}\times 1.96=11.19\\[2ex] \bar{x}+\dfrac{2}{\sqrt{n}}\times 1.96=13.81\end{cases}$$

解得 $\bar{x}=12.50$，$n=9$。

【例 8】 一批钢材的 20 个样品的屈服强度(GP_a)为：

5.27	4.98	5.11	5.20	5.20	5.11	5.00	5.35	5.61	4.88
5.38	5.46	5.27	5.23	4.96	5.15	4.77	5.35	5.38	5.54

该屈服强度服从正态分布，求屈服强度总体标准差 σ 的置信度为 95% 的置信区间。

分析 正态分布方差的区间估计中，使用统计量 $\chi^2=\dfrac{(n-1)S^2}{\sigma^2}$，标准差 σ 的 $1-\alpha$ 置信区间为：$\left(\sqrt{\dfrac{(n-1)S^2}{\chi^2_{\frac{\alpha}{2}}(n-1)}},\sqrt{\dfrac{(n-1)S^2}{\chi^2_{1-\frac{\alpha}{2}}(n-1)}}\right)$

解 已知样本容量 $n=20$，由样本观测值得 $\bar{x}=5.210$，$s=0.213$

因为 $1-\alpha=95\%$，所以 $\alpha=0.05$，查 χ^2 分布表，得临界值

$$\chi^2_{\frac{\alpha}{2}}(n-1) = \chi^2_{0.025}(20-1) = 8.906$$

$$\chi^2_{1-\frac{\alpha}{2}}(n-1) = \chi^2_{0.975}(20-1) = 32.85$$

因而

$$\sqrt{\frac{(n-1)S^2}{\chi^2_{\frac{\alpha}{2}}(n-1)}} = \sqrt{\frac{19}{8.906}} \times 0.213 = 0.311$$

$$\sqrt{\frac{(n-1)S^2}{\chi^2_{1-\frac{\alpha}{2}}(n-1)}} = \sqrt{\frac{19}{32.85}} \times 0.213 = 0.162$$

所以屈服强度总体标准差 σ 的置信度为 95%的置信区间为(0.162，0.311)。

【例 9】 甲制药厂进行有关麻疹疫苗效果的研究，用 X 表示一个人注射这种疫苗后产生的抗体强度。设 X 服从正态分布，已知与之竞争的乙药厂生产的同种疫苗平均抗体强度是 1.9，甲厂想证实其产品具有与乙厂相同的平均抗体强度，现抽取 16 件产品，测得抗体强度分别为

1.2	1.9	2.7	2.2	3.0	1.8	3.1	2.4
2.5	1.5	1.7	2.2	2.4	2.6	2.3	2.1

试问：甲厂产品的平均抗体强度是否为 1.9($\alpha=0.05$)?

分析 本例所讨论的问题为假设检验问题，假设检验的一般步骤：提出假设 H_0；构造统计量并确定其分布；确定对应于 α 的临界值；计算统计量的值；然后确定拒绝还是接受假设 H_0。解决假设检验问题的关键是对于所提出的假设 H_0，正确选取统计量及如何由水平 α 确定临界值。

解 已知 $\alpha = 0.05, n = 16$

提出假设 $H_0: \mu = 1.9$

构造统计量

$$T = \frac{\overline{X} - 1.9}{\frac{S}{\sqrt{16}}}$$

当 H_0 成立时：

$$T \sim t(16-1) = t(15)$$

查 t 分布表得临界值

$$t_{\frac{\alpha}{2}} = t_{0.025}(15) = 2.13$$

根据样本观测值得 $\bar{x} = 2.225$，$s = 0.518$，统计量 T 的值为

$$t = \frac{\bar{x} - 1.9}{\frac{s}{\sqrt{16}}} = \frac{2.225 - 1.9}{\frac{0.518}{\sqrt{16}}} = 2.51$$

因为 $|t| = 2.51 > 2.13$，所以拒绝原假设 H_0，即认为在 $\alpha = 0.05$ 下甲厂产品的平均抗体强度不是 1.9。

【例 10】 测定某种试验片的抗张力 Y(单位：9.8 MPa)与硬度 x(单位：HB)的关系，得到实验数据如表 15-3 所示。

表 15-3　某种试验片的抗张力与硬度的关系

硬度 x(9.8 MPa)	51	53	51	51	53	55	57	51	51	55
抗张力 y(HB)	44	50	41	44	47	56	56	50	47	56

检验抗张力 Y 与硬度 x 之间是否存在显著的线性相关关系。若存在线性相关关系，求出 Y 对 x 的线性回归方程。

解　$\bar{x} = 52.8$，$\bar{y} = 49.1$，$L_{xx} = 43.6$，$L_{yy} = 270.9$，$L_{xy} = 94.2$

则

$$r = \frac{L_{xy}}{\sqrt{L_{xx}L_{yy}}} = 0.8668$$

因为 $n-2 = 8$，$\alpha = 0.01$，所以 $r_{0.01}(8) = 0.765$。

由于 $r > r_{0.01}(8)$，因此抗张力 Y 与硬度 x 之间存在显著的线性相关关系。

又因为

$$\hat{b} = \frac{L_{xy}}{L_{xx}} = 2.1606$$

$$\hat{a} = \bar{y} - \hat{b}\bar{x} = -64.9797$$

所以 Y 对 x 的线性回归方程为

$$\hat{y} = -64.9797 + 2.1606x$$

第三节　习题选解

习　题　15－1

2. 由总体 X 得到容量为 10 的样本观测值为：

4.5　2.0　1.0　1.5　3.4　4.5　6.5　5.0　3.5　4.0

试计算统计量的样本均值 $\overline{X}$、样本方差 S^2 的值。

解　样本均值 $\bar{x}=\dfrac{1}{10}\sum\limits_{i=1}^{10}X_i$，所以样本均值的值为

$$\bar{x}=\frac{1}{10}(4.5+2.0+1.0+1.5+3.4+4.5+6.5+5.0+3.5+4.0)=3.59$$

样本方差 $s^2=\dfrac{1}{10-1}\sum\limits_{i=1}^{10}(x_i-\bar{x})^2$，所以样本方差的值为

$$\begin{aligned}s^2=\frac{1}{9}\times[&(4.5-3.59)^2+(2.0-3.59)^2+(1.0-3.59)^2+(1.5-3.59)^2+\\&(3.4-3.59)^2+(4.5-3.59)^2+(6.5-3.59)^2+(5.0-3.59)^2+\\&(3.5-3.59)^2+(4.0-3.59)^2]=2.881\end{aligned}$$

习　题　15－2

3. 在一批灯泡中随机抽取 10 只，测得其寿命（单位：小时）如下：

948　1 067　919　1 196　785　1 126　936　918　1 156　920

试用数字特征估计法估计这批灯泡寿命的数学期望和方差。

解　总体均值 μ 的估计量为 $\hat{\mu}=\overline{X}$，从而总体均值 μ 的估计量$\hat{\mu}$的值为

$$\hat{\mu}=\frac{1}{10}\times(948+1\,067+919+1\,196+785+1\,126+936+918+1\,156+920)=997.1$$

总体方差 σ^2 的估计量为 $\hat{\sigma}^2=S^2$，从而总体方差$\hat{\sigma}^2$的估计量$\hat{\sigma}^2$的值为

$$\hat{\sigma}^2 = \frac{1}{9} \times [(948-997.1)^2 + (1\,067-997.1)^2 + (919-997.1)^2 + (1\,196-997.1)^2 + (785-997.1)^2 + (1\,126-997.1)^2 + (936-997.1)^2 + (918-997.1)^2 + (1\,156-997.1)^2 + (920-997.1)^2] = 17\,304.766\,7$$

4. 设总体 X 服从均匀分布，其密度函数为

$$p(x, \theta) = \begin{cases} \dfrac{1}{\theta-1}, & \text{当 } 1 < x < \theta \text{ 时} \\ 0, & \text{其他} \end{cases}$$

试用数字特征估计法求未知参数 θ 的估计量。

解 因为 $E(X) = \int_{-\infty}^{+\infty} x p(x, \theta) \mathrm{d}x = \int_1^{\theta} \frac{x}{\theta-1} \mathrm{d}x = \frac{1}{2} \frac{x^2}{\theta-1} \Big|_1^{\theta} = \frac{1}{2}(\theta+1)$

又 $E(X) = \overline{X}$

所以 $\overline{X} = \frac{1}{2}(\theta+1)$，$\hat{\theta} = 2\overline{X} - 1$

6. 设总体 X 的密度函数为

$$p(x, \theta) = \begin{cases} (\theta+1)x^{\theta}, & \text{当 } 0 < x < 1 \text{ 时} \\ 0, & \text{其他} \end{cases}$$

其中，$\theta > 0$，试求未知参数 θ 的极大似然估计量。

解 设 $X_1, X_2, \cdots, X_n$ 是取自总体 X 的一个样本，似然函数为

$$L(\theta) = \begin{cases} (\theta+1)^n (x_1 x_2 \cdots x_n)^{\theta}, & \text{当 } 0 < x_i < 1\ (i = 1, 2, \cdots, n) \text{ 时} \\ 0, & \text{其他} \end{cases}$$

$$\ln L = n \ln(\theta+1) + \theta \sum_{i=1}^{n} \ln x_i$$

由似然方程

$$\frac{\mathrm{d}}{\mathrm{d}\theta}(\ln L) = \frac{n}{\theta+1} + \sum_{i=1}^{n} \ln x_i = 0$$

得

$$\theta = -\frac{n}{\sum_{i=1}^{n} \ln x_i} - 1$$

所以参数 θ 的极大似然估计量是

$$\hat{\theta} = -\frac{n}{\sum_{i=1}^{n} \ln X_i} - 1$$

7. 设 X_1, X_2, X_3 是总体 X 的一个样本,试证明统计量

$$f_1(X_1, X_2, X_3) = \frac{2}{5}X_1 + \frac{1}{5}X_2 + \frac{2}{5}X_3$$

$$f_2(X_1, X_2, X_3) = \frac{1}{6}X_1 + \frac{1}{3}X_2 + \frac{1}{2}X_3$$

都是总体 X 的数学期望 $E(X)$ 的无偏估计量,并指出哪一个更有效。

解 计算各统计量的数学期望

$$E[f_1(X_1, X_2, X_3)] = \frac{2}{5}E(X_1) + \frac{1}{5}E(X_2) + \frac{2}{5}E(X_3) =$$

$$\frac{2}{5}E(X) + \frac{1}{5}E(X) + \frac{2}{5}E(X) = E(X)$$

$$E[f_2(X_1, X_2, X_3)] = \frac{1}{6}E(X_1) + \frac{1}{3}E(X_2) + \frac{1}{2}E(X_3) =$$

$$\frac{1}{6}E(X) + \frac{1}{3}E(X) + \frac{1}{2}E(X) = E(X)$$

所以 $f_1(X_1, X_2, X_3)$, $f_2(X_1, X_2, X_3)$ 都是总体 X 的数学期望 $E(X)$ 的无偏估计量。

又因为

$$D[f_1(X_1, X_2, X_3)] = \left(\frac{2}{5}\right)^2 D(X_1) + \left(\frac{1}{5}\right)^2 D(X_2) + \left(\frac{2}{5}\right)^2 D(X_3) =$$

$$\frac{4}{25}D(X) + \frac{1}{25}D(X) + \frac{4}{25}D(X) = \frac{9}{25}D(X)$$

$$D[f_2(X_1, X_2, X_3)] = \left(\frac{1}{6}\right)^2 D(X_1) + \left(\frac{1}{3}\right)^2 D(X_2) + \left(\frac{1}{2}\right)^2 D(X_3) =$$

$$\frac{1}{36}D(X) + \frac{1}{9}D(X) + \frac{1}{4}D(X) = \frac{7}{18}D(X)$$

$$D[f_1(X_1, X_2, X_3)] < D[f_2(X_1, X_2, X_3)]$$

所以,统计量 $f_1(X_1, X_2, X_3)$ 比 $f_2(X_1, X_2, X_3)$ 有效。

习 题 15-3

1. 某批灯泡寿命 $X \sim N(\mu, 8^2)$,从中抽取 10 个进行寿命试验,得数据如下(单位:小时):

1 050　1 100　1 080　1 120　1 200　1 250　1 040　1 130　1 300　1 200

试估计平均寿命 μ 的置信区间($\alpha=0.05$)。

解　由样本观测值计算得到样本均值为

$$\bar{x} = \frac{1}{10}\sum_{i=1}^{10} x_i = 1\,147$$

因为置信度 $1-\alpha = 95\%$,所以 $\alpha = 0.05$。查正态分布表,得到临界值

$$u_{\frac{\alpha}{2}} = u_{0.975} = 1.96$$

又 $\sigma^2 = 8^2, n = 10$,于是

$$\bar{x} - \frac{\sigma}{\sqrt{n}} \cdot u_{\frac{\alpha}{2}} = 1\,147 - \frac{8}{\sqrt{10}} \times 1.96 \approx 1\,142.04$$

$$\bar{x} + \frac{\sigma}{\sqrt{n}} \cdot u_{\frac{\alpha}{2}} = 1\,147 + \frac{8}{\sqrt{10}} \times 1.96 \approx 1\,151.96$$

平均寿命的 95%置信区间为(1 142.04, 1 151.96)。

4. 由物理试验可知,压缩机膛内冷却用水的温度升高值服从正态分布,现测量 8 台独立工作的压缩机膛内冷却用水的温度升高值,得到数据(℃)如下:

6.4　4.3　5.7　4.9　6.5　5.6　6.4　5.4

求温度升高的平均值 μ 的 90%置信区间。

解　由样本观测值计算,得样本均值和样本标准差分别为

$$\bar{x} = 5.65,\ s = 0.783\,8$$

又 $n = 8, \alpha = 0.1$,查自由度为 7 的 t 分布表,得临界值 $t_{0.05}(7) = 1.90$

而

$$\bar{x}-\frac{s}{\sqrt{n}}\cdot t_{\frac{\alpha}{2}}(n-1)=5.65-\frac{0.7835}{\sqrt{8}}\times 1.90\approx 5.12$$

$$\bar{x}+\frac{s}{\sqrt{n}}\cdot t_{\frac{\alpha}{2}}(n-1)=5.65+\frac{0.7835}{\sqrt{8}}\times 1.90\approx 6.18$$

温度升高的平均值 μ 的 90%置信区间为(5.12, 6.18)。

6. 炮弹速度 v 服从正态分布，取 9 发炮弹做试验，测试其速度，算得样本标准差为 $s=11$(米 / 秒)，求炮弹速度的方差 σ^2 的 90%置信区间。

解 样本容量 $n=9$，样本标准差为 $s=11$，$1-\alpha=90\%$，得 $\alpha=0.10$，查 χ^2 分布表，得临界值为

$$\chi^2_{\frac{\alpha}{2}}(n-1)=\chi^2_{0.05}(9-1)=15.51$$

$$\chi^2_{1-\frac{\alpha}{2}}(n-1)=\chi^2_{0.95}(9-1)=2.733$$

$$\frac{(n-1)s^2}{\chi^2_{\frac{\alpha}{2}}(n-1)}=\frac{8\times 11^2}{15.51}\approx 62.41$$

$$\frac{(n-1)s^2}{\chi^2_{1-\frac{\alpha}{2}}(n-1)}=\frac{8\times 11^2}{2.733}\approx 354.19$$

所以炮弹速度的方差的 90%置信区间为(62.41, 354.19)。

9. 为了得到某种新型塑料抗压力的资料，对 10 个试验件作压力测验，得数据(单位：1 000 吨/平方厘米)如下：

49.3 48.6 47.5 48.0 51.2 45.6 47.7 49.5 46.0 50.6

若试验数据服从正态分布，求：

(1) 该种塑料平均抗压力的 95%置信区间。

(2) 该种塑料抗压力方差的 95%置信区间。

解 样本容量 $n=10$，由样本观测值计算得样本均值和样本标准差分别为

$$\bar{x}=48.4,\ s=1.8196$$

因为置信度 $1-\alpha=95\%$，所以 $\alpha=0.05$。查自由度为 9 的 t 分布表、χ^2 分布表，得临界值

$$t_{\frac{\alpha}{2}}(n-1)=t_{0.025}(9)=2.26$$

$$\chi^2_{\frac{\alpha}{2}}(n-1)=\chi^2_{0.025}(9)=19.020$$

$$\chi^2_{1-\frac{\alpha}{2}}(n-1)=\chi^2_{0.975}(9)=2.700$$

又

$$\bar{x}-\frac{s}{\sqrt{n}}\cdot t_{\frac{\alpha}{2}}(n-1)=48.4-\frac{1.819\,6}{\sqrt{10}}\times 2.26\approx 47.1$$

$$\bar{x}+\frac{s}{\sqrt{n}}\cdot t_{\frac{\alpha}{2}}(n-1)=48.4+\frac{1.819\,6}{\sqrt{10}}\times 2.26\approx 49.70$$

$$\frac{(n-1)s^2}{\chi^2_{\frac{\alpha}{2}}(n-1)}=\frac{9\times 1.819\,6^2}{19.020}\approx 1.57$$

$$\frac{(n-1)s^2}{\chi^2_{1-\frac{\alpha}{2}}(n-1)}=\frac{9\times 1.819\,6^2}{2.700}\approx 11.04$$

故该种塑料平均抗压力的 95％置信区间为(47.10，49.70)。

该种塑料抗压力方差的 95％置信区间为(1.57，11.04)。

习 题 15－4

2. 已知某型号的电子元件的使用寿命服从正态分布，今在某周内生产的一批电子元件中随机抽取 9 只，测得其使用寿命(单位：小时)为：

2 315　2 360　2 340　2 325　2 350　2 320　2 335　2 335　2 325

已知 $\sigma^2=11.25^2$，可否认为这批电子元件的使用寿命是 2 350 小时($\alpha=0.05$)？

解　(1) 提出假设 $H_0: \mu=2\,350$。

(2) 构造统计量

$$U=\frac{\overline{X}-2\,350}{\frac{11.25}{\sqrt{9}}}$$

当 H_0 成立时，$U\sim N(0,1)$。

(3) $\alpha=0.05$，查正态分布表得临界值 $u_{1-\frac{\alpha}{2}}=u_{0.975}=1.96$。

(4) 根据样本观测值得 $\bar{x}=2\,333.888\,9$，统计量 U 的值为

$$u=\frac{2\,333.888\,9-2\,350}{\frac{11.25}{\sqrt{9}}}\approx -4.296\,3$$

因为 $|u|=4.2963>u_{\frac{\alpha}{2}}=1.96$，所以拒绝 H_0，即不认为这批电子元件的使用寿命是 2 350 小时。

4. 随机地从某切割机加工的一批金属棒中抽取 9 段，测得其长度(单位：厘米)如下：

49.6　49.3　49.7　50.3　50.6　49.8　49.7　51.0　50.2

设金属棒长度服从正态分布，其标准长度为 50 厘米，能否判断切割机加工的金属棒是合格的($\alpha=0.05$)？

解　(1) 提出假设 $H_0: \mu=50$。

(2) 构造统计量

$$T=\frac{\overline{X}-50}{\frac{S}{\sqrt{9}}}$$

当 H_0 成立时，有 $T \sim t(9-1)=t(8)$。

(3) 由 $\alpha=0.05$，$n=9$，查 t 分布表得临界值 $t_{\frac{\alpha}{2}}(n-1)=t_{0.025}(8)=2.31$。

(4) 根据样本观测值得 $\bar{x}=50.0222$，$s=0.5426$，统计量 T 的值为

$$t=\frac{\bar{x}-\mu_0}{\frac{s}{\sqrt{n}}}=\frac{50.0222-50}{\frac{0.5426}{\sqrt{9}}}\approx 0.1227$$

因为 $|t|=0.1227<t_{0.025}(8)=2.31$，所以接受原假设 H_0，即认为切割机加工的金属棒是合格的。

7. 在正常情况下，某肉类加工厂生产的小包装纯精肉每包重量 X 服从正态分布，标准差 $\sigma=10$(克)。某日抽取 12 包，测量其重量(单位：克)为：

501　497　483　492　510　503　478　494　483　496　502　513

问该日生产的纯精肉每包重量的标准差是否正常($\alpha=0.10$)？

解　(1) 提出假设 $H_0: \sigma^2=10^2$。

(2) 构造统计量 $\chi^2=\dfrac{(n-1)S^2}{\sigma_0^2}$

当 H_0 成立时，统计量 $\chi^2 \sim \chi^2(11)$。

(3) 对于给定显著性水平 $\alpha=0.10$，查自由度 11 的 χ^2 分布表，得临界值

$\chi^2_{0.95}(11) = 4.575$，$\chi^2_{0.05}(11) = 19.68$。

(4) 根据样本观测值得

$$s^2 = 116.1818$$

统计量的值为

$$\chi^2 = \frac{11 \times 116.1818}{10^2} \approx 12.78$$

因为 $\chi^2_{0.95}(11) = 4.575 < \chi^2 = 12.78 < \chi^2_{0.05}(11) = 19.68$，所以接受 H_0，即该日生产的纯精肉每包重量的标准差正常。

习 题 15－5

1. 以家庭为单位，某种商品年需求量与该商品价格之间的一组调查数据如表15－4所示。

表 15－4 需求量与价格的数据

价格 p(元)	1	2	2.1	2.3	2.5	2.6	2.8	3	3.3	3.5
需求量 d(千克)	5	3.5	3	2.7	2.4	2.5	2	1.2	1.2	1.2

(1) 画出散点图。

(2) 求需求量 d 与价格 p 的线性回归方程。

解 (1) 作散点图(略)。

(2) $\bar{p} = 2.51$，$\bar{d} = 2.47$

$$L_{pp} = (n-1)s_p^2 = 9 \times 0.521 = 4.689$$

$$L_{pd} = \sum_{i=1}^{n} p_i d_i - n\bar{p} \cdot \bar{d} = 54.37 - 61.997 = -7.627$$

$$\hat{b} = \frac{L_{pd}}{L_{pp}} = \frac{-7.627}{4.689} = -1.627$$

$$\hat{a} = \bar{d} - \hat{b}\bar{p} = 2.47 - (-1.627) \times 2.51 = 6.554$$

故需求量 d 与价格 p 的线性回归方程为 $\hat{d} = 6.554 - 1.627p$。

3. 随机地抽取 11 个城市居民家庭关于收入与食品支出的数据如表 15－5 所示。

表 15－5　收入与食品支出的数据

收入 x	82	93	130	140	150	160	180	200	270	300	400
支出 Y	72	85	92	105	120	130	145	156	200	200	240

试求出食品支出与收入之间的回归直线方程，并判断食品支出与家庭收入之间是否存在着线性相关关系($\alpha=0.05$)？

解　$\bar{x}=191.3636$，$\bar{y}=140.4545$

$$L_{xx}=(n-1)s_x^2=10\times 9245.2545=92452.545$$

$$L_{xy}=\sum_{i=1}^{n}x_iy_i-n\bar{x}\cdot\bar{y}=346569-11\times 191.3636\times 140.4545=50912.3337$$

$$L_{yy}=(n-1)s_y^2=10\times 2915.6727=29156.727$$

$$\hat{b}=\frac{L_{xy}}{L_{xx}}=0.5507,\ \hat{a}=\bar{y}-\hat{b}\bar{x}=35.0706$$

故食品支出与收入之间的回归直线方程为

$$\hat{y}=35.0706+0.5507x$$

因为相关系数

$$r=\frac{L_{xy}}{\sqrt{L_{xx}L_{yy}}}=0.9806$$

对于给定的 $\alpha=0.05$，自由度为 $n-2=9$，查相关系数检验表，得

$$r_\alpha(n-2)=r_{0.05}(9)=0.602$$

由于 $r=0.9806>r_{0.05}(9)$，因此在显著性水平 $\alpha=0.05$ 下，认为食品支出 Y 与家庭收入 x 之间的线性相关关系是显著的。

复习题十五

3. 设总体 X 的样本观测值为 1.55，1.36，1.44，1.40，1.32，用数字特征估计法

求总体 X 的均值 $E(X)$ 和方差 $D(X)$ 的点估计。

解 用计算器计算得

$$\bar{x}=1.414,\ s^2=0.00778$$

故

$$\hat{\mu}=1.414,\ \hat{\sigma}^2=0.00778$$

6. 某型号轮胎的使用寿命(达到报废的界限)服从正态分布 $N(\mu,\sigma^2)$，已知 $\sigma^2=4\,827^2$。现从生产的轮胎中随机抽取 100 只进行试验，得到平均使用寿命 $\bar{x}=36\,203$(单位：千米)。求这批轮胎的平均使用寿命的置信度为 95%的置信区间。

解 $\bar{x}=36\,203,\ n=100,\ \sigma^2=4\,827^2$

置信度 $1-\alpha=95\%$，所以 $\alpha=0.05$

查正态分布表，得到临界值 $u_{1-\frac{\alpha}{2}}=u_{0.975}=1.96$

$$\bar{x}-\frac{\sigma}{\sqrt{n}}\cdot u_{1-\frac{\alpha}{2}}=36\,203-\frac{4\,827}{\sqrt{100}}\times 1.96\approx 35\,256.91$$

$$\bar{x}+\frac{\sigma}{\sqrt{n}}\cdot u_{1-\frac{\alpha}{2}}=36\,203+\frac{4\,827}{\sqrt{100}}\times 1.96\approx 37\,149.09$$

故这批轮胎的平均使用寿命的置信度为 95%的置信区间为(35 256.9, 37 149.1)。

7. 某包装工厂在正常生产情况下手工包装，每包重量均值为 8 千克。为了提高工作效率，改用包装机包装，效率大大提高。为了检验包装机包装的每包重量均值能否符合原来标准，抽取 121 包算出其样本均值为 7.99 千克，样本均方差为 0.1 千克。试检验包装机所包的每包重量均值是否仍为 8 千克($\alpha=0.05$)?

解 (1) 提出假设 $H_0:\mu=8$。

(2) 构造统计量

$$T=\frac{\overline{X}-8}{\dfrac{S}{\sqrt{121}}}$$

当 H_0 成立时，有 $T\sim t(121-1)=t(120)$。

(3) 由 $\alpha=0.05,\ n=121$，查 t 分布表得临界值 $t_{\frac{\alpha}{2}}(n-1)=t_{0.025}(120)=1.98$。

(4) $\bar{x}=7.99$, $s=0.1$，统计量 T 的值为

$$t=\frac{\bar{x}-\mu_0}{\frac{s}{\sqrt{n}}}=\frac{7.99-8}{\frac{0.1}{\sqrt{121}}}\approx -1.095$$

因为 $|t|=1.095<t_{0.025}(120)=1.98$，所以接受原假设 H_0，即认为包装机所包的每包重量均值为 8 千克。

8. 某开发区近几年的国民收入与财政收入(单位：亿元)统计表如表 15-6 所示。

表 15-6　国民收入与财政收入

国民收入 x	9.2	7	10.0	12.8	16.6	17.8	18.0	19.0
财政收入 Y	0.8	1	1.4	2.2	3.2	3.6	3.8	4.4

(1) 求财政收入 Y 对国民收入 x 的线性回归直线方程。

(2) 当 $\alpha=0.01$ 时，试问财政收入 Y 与国民收入 x 之间是否具有线性相关关系？

解　(1)
$$\bar{x}=13.8,\ \bar{y}=2.55$$

$$L_{xx}=(n-1)s_x^2=151.36$$

$$L_{xy}=\sum_{i=1}^{n}x_iy_i-n\bar{x}\cdot\bar{y}=44.2$$

$$L_{yy}=(n-1)S_y^2=13.42$$

$$\hat{b}=\frac{L_{xy}}{L_{xx}}=0.2920,\ \hat{a}=\bar{y}-\hat{b}\bar{x}=-1.4796$$

故财政收入 Y 对国民收入 x 的线性回归直线方程为 $\hat{y}=-1.4796+0.292x$。

(2)
$$r=\frac{L_{xy}}{\sqrt{L_{xx}L_{yy}}}\approx 0.9807$$

$$r_\alpha(n-2)=r_{0.01}(6)=0.834$$

由于 $r=0.9807>r_{0.01}(6)$，因此在显著性水平 $\alpha=0.01$ 下，认为财政收入 Y 与国民收入 x 之间的线性相关关系是显著的。

第四节　测试题及其解答

一、测 试 题

(一) A　　卷

1. 单项选择题。

(1) 设 X_1, X_2, X_3 是取自总体 X 的一个样本，$X \sim N(3, 4)$，$\overline{X} = \frac{1}{3}(X_1 + X_2 + X_3)$，$U = \dfrac{\overline{X} - 3}{\frac{2}{\sqrt{3}}} \sim N(0, 1)$，数 x 满足 $P\{U \leqslant x\} = 1 - \alpha$，则 x 等于(　　)。

a. $u_{\frac{\alpha}{2}}$　　b. $u_{1-\frac{\alpha}{2}}$

c. u_α　　d. $u_{1-\alpha}$

(2) 设 X_1, X_2, X_3 是取自总体 X 的一个样本，下列关于 $E(X)$ 的无偏估计中，最有效的为(　　)。

a. $\frac{1}{2}(X_1 + X_2)$　　b. $\frac{1}{3}(X_1 + X_2 + X_3)$

c. $\frac{1}{4}X_1 + \frac{1}{2}X_2 + \frac{1}{4}X_3$　　d. $\frac{1}{5}X_1 + \frac{2}{5}X_2 + \frac{3}{5}X_3$

(3) 设总体 X 的密度函数为

$$p(x) = \begin{cases} \theta x^{\theta-1}, & \text{当 } 0 < x < 1 \text{ 时} \\ 0, & \text{其他} \end{cases}$$

其中，$\theta > 0$ 为未知参数，$x_1, x_2, \cdots, x_n$ 为取自总体的一组样本观测值，$0 < x_i < 1$ $(i = 1, 2, \cdots, n)$，则参数 θ 的极大似然函数 $L(\theta) =$(　　)。

a. $\theta^n (x_1 x_2 \cdots x_n)^{\theta-1}$　　b. $\theta(x_1 x_2 \cdots x_n)^{\theta-1}$

c. $(x_1 x_2 \cdots x_n)^{\theta-1}$　　d. $\theta(x_1^{\theta-1} + x_2^{\theta-1} \cdots x_n^{\theta-1})$

(4) 设总体 $X \sim N(\mu, \sigma^2)$，σ^2 已知，$\overline{X}$ 和 S^2 分别为容量为 n 的样本均值和样本

方差，则 μ 的置信度为 $1-\alpha$ 的置信区间为(　　)。

a. $\left(\overline{X}-\frac{S}{\sqrt{n}}\cdot t_{\frac{\alpha}{2}}(n-1),\ \overline{X}+\frac{S}{\sqrt{n}}\cdot t_{\frac{\alpha}{2}}(n-1)\right)$

b. $\left(\overline{X}-\frac{S}{\sqrt{n}}\cdot u_{1-\frac{\alpha}{2}},\ \overline{X}+\frac{S}{\sqrt{n}}\cdot u_{1-\frac{\alpha}{2}}\right)$

c. $\left(\overline{X}-\frac{\sigma}{\sqrt{n}}\cdot t_{\frac{\alpha}{2}}(n-1),\ \overline{X}+\frac{\sigma}{\sqrt{n}}\cdot t_{\frac{\alpha}{2}}(n-1)\right)$

d. $\left(\overline{X}-\frac{\sigma}{\sqrt{n}}\cdot u_{1-\frac{\alpha}{2}},\ \overline{X}+\frac{\sigma}{\sqrt{n}}\cdot u_{1-\frac{\alpha}{2}}\right)$

(5) 样本相关系数 $r=$(　　)。

a. $\frac{L_{xx}}{\sqrt{L_{xy}L_{yy}}}$　　b. $\frac{L_{xy}}{\sqrt{L_{xx}L_{yy}}}$

c. $\frac{L_{yy}}{\sqrt{L_{xx}L_{xy}}}$　　d. $\frac{L_{xy}^2}{\sqrt{L_{xx}L_{yy}}}$

2. 填空题。

(1) 设 $X\sim N(\mu,\sigma^2)$，$X_1, X_2, \cdots, X_n$ 是取自总体 X 的一个样本，$\overline{X}$，S^2 分别为样本均值和样本方差，则 $\frac{\overline{X}-\mu}{\frac{S}{\sqrt{n}}}\sim$________。

(2) 设 $X_1, X_2, \cdots, X_n$ 是取自总体 X 的一个样本，在对总体方差 $D(X)$ 进行无偏估计时，常用的估计量是________。

(3) 设总体 $X\sim N(\mu,\sigma^2)$，μ，σ^2 均未知，当样本容量为 n，S^2 为样本方差时，σ^2 的置信度为 $1-\alpha$ 的置信区间为________。

(4) 设总体 $X\sim N(\mu,\sigma^2)$，σ^2 未知，$X_1, X_2, \cdots, X_n$ 是取自总体 X 的一个样本，要检验 $H_0: \sigma^2=\sigma_0^2$，则所取统计量是________。

(5) 回归分析是处理变量之间________关系的一种统计方法。若两个变量之间具有线性关系，则称此回归分析为________。

3. 设总体 $X\sim U(0,\theta)$（即 X 服从区间 $[0,\theta]$ 上的均匀分布），现从总体 X 中抽取容量为 10 的样本，样本观测值为：

1.6　0.5　1.3　0.6　1.7　2.2　1.2　0.8　1.5　2.0

试对参数 θ 进行估计。

4. 设某校学生的身高服从正态分布，今从该校随机抽查 10 名女学生测身高（单位：厘米），得身高均值 $\bar{x}=162.67$，样本方差 $s^2=18.43$。求该校女学生平均身高 $E(X)$ 的 95%的置信区间。

5. 考生的某次考试成绩服从正态分布，从中任取 36 位考生的成绩，其平均成绩为 66.5 分，标准差为 15 分。问在 $\alpha=0.05$ 的显著性水平下，可否认为全体考生这次考试的平均成绩为 70 分？

6. 为研究温度 t 对某个化学过程的生产量 Q 的影响，收集到的数据如表 15－7 所示。

表 15－7　温度 t 与生产量 Q 的数据

t(℃)	−5	−4	−3	−2	−1	0	1	2	3	4	5
Q(T)	1	5	4	7	10	8	9	13	14	13	18

(1) 画出散点图。

(2) 求 Q 对 t 的线性回归直线方程。

(二) B　　卷

1. 单项选择题。

(1) 设总体 $X\sim B(n, p)$，其中 p 为未知参数，$X_1, X_2, \cdots, X_n$ 是取自总体 X 的一个样本，则(　　)不是统计量。

a. $\dfrac{1}{n}\sum\limits_{i=1}^{n}(X_i-\overline{X})^2$　　　　b. $\dfrac{\sum\limits_{i=1}^{n}(X_i-np)}{\sqrt{np(1-p)}}$

c. $\overline{X}$　　　　d. X_1+2

(2) 设 X_1, X_2, X_3 是取自总体 X 的一个样本，则(　　)不是总体 X 的均值 $E(X)$ 的无偏估计量。

a. $\dfrac{1}{2}(X_1+X_3)$　　　　b. $\dfrac{1}{3}(X_1+X_2+X_3)$

c. $\dfrac{1}{3}X_1+\dfrac{2}{3}X_3$　　　　d. $\dfrac{1}{2}(X_1+X_2+X_3)$

(3) 设总体 X 的分布中含有未知参数 θ，由样本确定两个统计量 θ_1, θ_2，对于给

出的 $\alpha \in (0, 1)$，满足 $p\{\theta_1 < \theta < \theta_2\} = 1-\alpha$，则称(　　)为 θ 的置信度为 $1-\alpha$ 的置信区间。

a. $(-\infty, \theta_1)$　　b. $(\theta_1, +\infty)$

c. $(\theta_2, +\infty)$　　d. (θ_1, θ_2)

(4) 假设检验中，拒绝假设 H_0 所依据的原理是(　　)。

a. 小概率事件不可能发生

b. 小概率事件一定不发生

c. 小概率事件在一次试验中不会发生

d. 小概率事件在一次试验中有可能发生

(5) 矿砂中铜的含量服从正态分布 $N(\mu, \sigma^2)$，σ^2 未知，现从总体中抽取一个样本观测值 $x_1, x_2, \cdots, x_5$，在显著性水平 α 下检验 $H_0: \mu = \mu_0$，取统计量(　　)。

a. $\dfrac{\overline{X}-\mu_0}{\dfrac{\sigma}{\sqrt{5}}}$　　b. $\dfrac{\overline{X}-\mu_0}{\dfrac{S}{\sqrt{5}}}$

c. $\dfrac{\overline{X}-\mu_0}{\dfrac{\sigma}{\sqrt{4}}}$　　d. $\dfrac{\overline{X}-\mu_0}{\dfrac{S}{\sqrt{4}}}$

2. 填空题。

(1) ________称为统计量。

(2) 设某种灯泡寿命 $X \sim N(\mu, \sigma^2)$，其中 μ, σ^2 均未知，今随机抽取 5 只灯泡，测得寿命分别为(单位：小时)：

2 671　2 527　2 287　2 489　2 593

则 μ, σ^2 的矩估计 $\hat{u}=$________，$\hat{\sigma}^2=$________。

(3) 设总体 $X \sim N(\mu, \sigma^2)$，μ, σ^2 为已知参数，$X_1, X_2, \cdots, X_n$ 是取自总体 X 的样本，S^2 为样本方差，则统计量 $\chi^2 = \dfrac{(n-1)S^2}{\sigma^2}$ 服从自由度为________的________分布。

(4) 设总体 $X \sim N(\mu, \sigma^2)$，σ^2 已知，检验 $H_0: \mu = \mu_0$，用________检验法，选用统计量________，当 H_0 成立时，统计量服从________分布。

(5) 用最小二乘法求回归直线 $\hat{y} = \hat{a} + \hat{b}x$ 时，$\hat{b} =$ ________，$\hat{a} =$ ________。

3. 设总体 X 服从参数为 λ 的指数分布，$X_1, X_2, \cdots, X_n$ 是取自总体 X 的一个

样本，求参数 λ 的极大似然估计。如果 $n=8$，样本观测值为：

1.11　0.98　0.98　1.03　0.91　1.20　1.04　1.31

求极大似然估计值。

4. 设一批产品的某一项数量指标 $X \sim N(\mu, \sigma^2)$，从中抽得容量为 25 的样本，测得样本方差为 $s^2=(2.13)^2$，试求总体方差 σ^2 的置信度为 95% 的置信区间。

5. 由于工业排水引起附近水质污染，测得鱼的蛋白质中含汞的浓度为(单位：p. p. m)：

0.264　0.253　0.413　0.101　0.328　0.766　0.228　0.51

从资料判断，鱼的蛋白质中含汞的浓度服从正态分布，其方差 $\sigma^2=4$，根据这组数据，试问浓度的方差是否仍为 $\sigma^2=4$？($\alpha=0.05$)

6. 某企业上半年的某种产品产量与单位成本资料如表 15－8 所示。

表 15－8　产量与单位成本资料

产量 x(千件)	2	3	4	3	4	5
单位成本 Y(元/千件)	73	72	71	73	69	68

求：(1) 确定 Y 对 x 的线性回归直线方程。

(2) 对所求的线性回归直线方程作显著性检验($\alpha=0.05$)。

二、测试题解答

(一) A 卷解答

1. 单项选择题。

(1)	(2)	(3)	(4)	(5)
c	b	a	d	b

2. 填空题。

(1) $t(n-1)$

(2) S^2

(3) $\left(\dfrac{(n-1)S^2}{\chi^2_{1-\frac{\alpha}{2}}(n-1)}, \dfrac{(n-1)S^2}{\chi^2_{\frac{\alpha}{2}}(n-1)}\right)$

(4) $\chi^2=\dfrac{(n-1)S^2}{\sigma_0}$

(5) 相关,线性回归分析

3. 因为 $X\sim U(0, \theta)$,所以 $E(X)=\dfrac{\theta}{2}$,而 $E(X)$的点估计为 $\overline{X}$,故参数 θ 的点估计为 $\hat{\theta}=2\overline{X}$,其估计量$\hat{\theta}$的值为

$$\hat{\theta}=2\,\bar{x}=2\times\frac{1}{10}\times(1.6+0.5+1.3+0.6+1.7+2.2+1.2+0.8+1.5+2.0)=2.68$$

4. $n=10$, $\bar{x}=162.67$, $s^2=18.43$, $1-\alpha=95\%$,则 $\alpha=0.05$,查自由度为 9 的 t 分布表,得临界值

$$t_{\frac{\alpha}{2}}(9)=t_{0.025}(9)=2.26$$

$$\bar{x}-\frac{s}{\sqrt{n}}\cdot t_{\frac{\alpha}{2}}(n-1)=162.67-\frac{\sqrt{18.43}}{\sqrt{10}}\times 2.26\approx 159.60$$

$$\bar{x}+\frac{s}{\sqrt{n}}\cdot t_{\frac{\alpha}{2}}(n-1)=162.67-\frac{\sqrt{18.43}}{\sqrt{10}}\times 2.26\approx 165.74$$

故该校女学生平均身高的 95%的置信区间为(159.60, 165.74)。

5. 假设 $H_0: \mu=70$

$$\text{统计量 } T=\frac{\overline{X}-\mu_0}{\frac{S}{\sqrt{n}}}\sim t(n-1)$$

$\alpha=0.05$, $n=36$,查自由度为 35 的 t 分布表,得临界值

$$t_{\frac{\alpha}{2}}(n-1)=t_{0.025}(35)=2.03$$

由样本均值 $\bar{x}=66.5$,样本标准差 $s=15$,得统计量 T 的值

$$t=\frac{66.5-70}{\frac{15}{\sqrt{36}}}\approx=-1.4$$

$$|\,t\,|=1.4<t_{0.025}(35)$$

故接受假设 H_0,即考生平均成绩为 70 分。

6. (1) 散点图如图 15 - 1 所示。

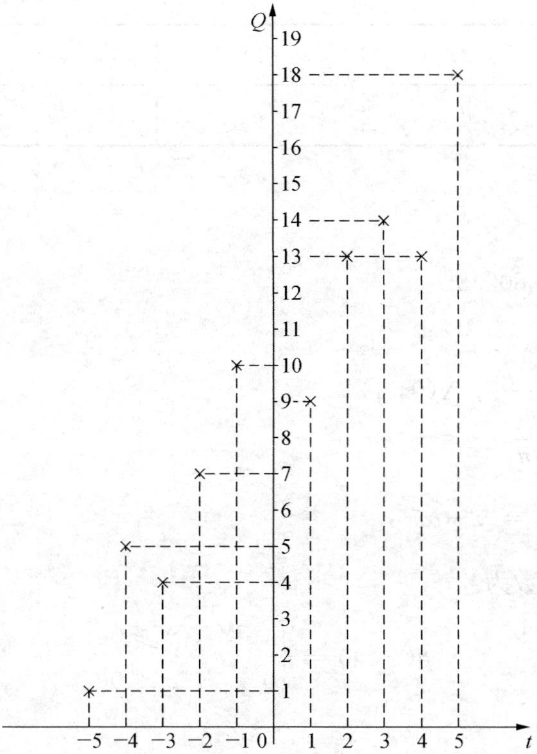

图 15 - 1　散点图

(2) $\bar{t}=0$　　　　$s_t^2=11$

$\bar{q}=9.2727$　　　　$s_q^2=24.8182$

$L_{tt}=(11-1)S_t^2=110$

$L_{qq}=(11-1)s_q^2=248.182$

$L_{tq}=\sum_{i=1}^{11}t_iq_i-11\,\overline{t}\overline{q}=158$

$$\hat{b}=\frac{L_{tq}}{L_{tt}}=1.4364$$

$$\hat{\alpha}=\bar{q}-\hat{b}\,\bar{t}=9.2727$$

故 q 对 t 的线性回归直线方程为 $\hat{q}=9.2727+1.4364t$。

(二) B 卷 解 答

1. 单项选择题。

(1)	(2)	(3)	(4)	(5)
b	d	c	c	b

2. 填空题。

(1)（略）

(2) 2 513.4,20 802.8

(3) $n-1$，χ^2

(4) U,$U=\dfrac{\overline{X}-\mu_0}{\dfrac{\sigma}{\sqrt{n}}}$，$N(0,1)$

(5) $\hat{b}=\dfrac{L_{xy}}{L_{xx}}$，$\hat{a}=\bar{y}-\hat{b}\bar{x}$

3. X 的密度函数为

$$p(x,\lambda)=\begin{cases}\lambda\mathrm{e}^{-\lambda x}, & x\geqslant 0\\ 0, & x<0\end{cases}$$

似然函数为

$$L(\lambda)=\lambda^n\mathrm{e}^{-\lambda\sum\limits_{i=1}^{n}x_i}$$

$$\ln L(\lambda)=n\ln\lambda-\lambda\sum_{i=1}^{n}x_i$$

$$\frac{\mathrm{d}\ln L(\lambda)}{\mathrm{d}\lambda}=\frac{n}{\lambda}-\sum_{i=1}^{n}x_i=0$$

得

$$\lambda=\frac{n}{\sum\limits_{i=1}^{n}x_i}=\frac{1}{\bar{x}}$$

所以 λ 的极大似然估计量为 $\hat{\lambda}=\dfrac{1}{\overline{X}}$。

由样本值得 $\bar{x}=1.07$，所以估计量$\bar{\lambda}$的值为 0.934 6。

4. $n=25$，$s^2=(2.13)^2$，$\alpha=0.05$

查自由度为 24 的 χ^2分布表，得

$$\chi^2_{\frac{\alpha}{2}}(24)=\chi^2_{0.025}(24)=39.36$$

$$\chi^2_{1-\frac{\alpha}{2}}(24)=\chi^2_{0.975}(24)=12.40$$

$$\frac{(n-1)s^2}{\chi^2_{\frac{\alpha}{2}}(n-1)}=2.7664,\ \frac{(n-1)s^2}{\chi^2_{1-\frac{\alpha}{2}}(n-1)}=8.7811$$

故总体方差 σ^2 的 95%的置信区间为(2.766 4，8.781 1)。

5. (1) 假设 $H_0:\sigma^2=4$。

(2) 取统计量

$$\chi^2=\frac{(n-1)S^2}{\sigma_0^2}\sim\chi^2(n-1)$$

(3) $\alpha=0.05$，查自由度为 7 的 χ^2分布表，得

$$\chi^2_{\frac{\alpha}{2}}(n-1)=\chi^2_{0.025}(7)=16.01$$

$$\chi^2_{1-\frac{\alpha}{2}}(n-1)=\chi^2_{0.975}(7)=1.690$$

(4) 由样本观测值，得

$$s^2=0.0423$$

统计量的值

$$\chi^2=\frac{(8-1)s^2}{\sigma_0^2}\approx 0.0741$$

由于统计量的值 $\chi^2<\chi^2_{1-\frac{\alpha}{2}}(n-1)=1.690$，所以拒绝 H_0，即认为浓度方差不是仍为 $\sigma^2=4$。

6. (1) $\bar{x}=3.5$，$s_x^2=1.1$，$\bar{y}=71$，$s_y^2=4.4$

$$L_{xx}=(6-1)s_x^2=5.5$$

$$L_{yy}=(6-1)s_y^2=22$$

$$L_{xy} = \sum_{i=1}^{6} x_i y_i - 6\,\bar{x}\bar{y} = -10$$

$$\hat{b} = \frac{L_{xy}}{L_{xx}} = -1.818\,2$$

$$\hat{a} = \bar{y} - \hat{b}\bar{x} = 77.363\,7$$

故 Y 对 x 的线性回归直线方程为 $\hat{y} = 77.363\,7 - 1.818\,2x$。

(2) $r = \dfrac{L_{xy}}{\sqrt{L_{xx}L_{yy}}} \approx -0.909\,1$

$$\alpha = 0.05,\ r_\alpha(n-2) = r_{0.01}(4) = 0.81$$

$$|r| > r_\alpha(n-2)$$

故 x 与 Y 之间的线性相关关系是显著的。

高等应用数学模拟试题及其解答

下面提供线性代数、概率论、数理统计模拟试题各两套，并给出解答。这些试题几乎覆盖了所有的知识点。我们希望读者在自己复习的基础上练习模拟试题，这样才能达到检查知识掌握程度的目的，才能更好地发挥试题的自我检测手段的作用。

一、线性代数(第十、十一章)模拟试题

(一) A　　卷

1. 单项选择题。

(1) 下列运算，错误的是(　　)。

a. $\begin{vmatrix} a & b & c \\ u & v & w \\ x & y & z \end{vmatrix} = \begin{vmatrix} a & u & x \\ b & v & y \\ c & w & z \end{vmatrix}$　　b. $\begin{vmatrix} a & b & c \\ 0 & 0 & 0 \\ x & y & z \end{vmatrix} = 0$

c. $\begin{vmatrix} a & b & c \\ 2u & 2v & 2w \\ x & y & z \end{vmatrix} = 2\begin{vmatrix} a & b & c \\ u & v & w \\ x & y & z \end{vmatrix}$　　d. $\begin{vmatrix} a & b & c \\ u & v & w \\ x & y & z \end{vmatrix} = \begin{vmatrix} a & c & b \\ u & w & v \\ x & z & y \end{vmatrix}$

(2) 设 A,B 分别为 $2\times3,2\times4$ 矩阵，下列各式可以进行运算的是(　　)。

a. $A+B$　　b. AB^T

c. AB　　d. A^TB

(3) 下列各式，错误的是(　　)。

a. A 是矩阵，k、l 为数，则 $k(lA)=l(kA)$

b. A,B 分别为 $m\times l,l\times n$ 矩阵，则 $(AB)^T=A^TB^T$

c. A 为可逆矩阵，$(A^{-1})^T=(A^T)^{-1}$

d. A,B 为 $m\times n$ 矩阵，$(A+B)^T=A^T+B^T$

(4) 设 $A=(a_{ij})_{m\times n},X=(x_1,x_2,\cdots,x_n)^T,B=(b_1,b_2,\cdots,b_m)^T$。$\widetilde{A}$ 为线性方程组 $AX=B$ 的增广矩阵，$R(A)=R(\widetilde{A})=r$，则 $r=n$ 是 $AX=B$ 有唯一解的(　　)。

a. 必要条件　　　　b. 充分条件

c. 充要条件　　　　d. 无关条件

2. 填空题。

(1) 线性方程组$\begin{cases}ax+by=0\\cx+dy=0\end{cases}$的系数行列式$D=\begin{vmatrix}a & b\\c & d\end{vmatrix}=3$，则方程组的解为$x=$________，$y=$________。

(2) 线性方程组$AX=B$的增广矩阵$\widetilde{A}$及X是

$$\widetilde{A}=\begin{pmatrix}2 & 3 & -1 & 7 & 0\\6 & 7 & -4 & 3 & 1\\-1 & 2 & 5 & 2 & 7\end{pmatrix},\ X=(x_1,x_2,x_3,x_4)^T$$

那么，方程组$AX=B$用线性方程表示是________。

(3) 已知$A=\begin{pmatrix}1 & 1\\0 & 1\end{pmatrix}$，则$A^6=$________。

(4) 已知$A=\begin{pmatrix}1 & 3 & 5 & 6\\0 & 0 & \lambda+2 & \lambda^2-4\\0 & 0 & 0 & \lambda^2-1\end{pmatrix}$，且$R(A)=2$，则$\lambda=$________。

3. 计算行列式。

(1) $D=\begin{vmatrix}-1\,100 & 1\,200\\-1\,300 & 1\,400\end{vmatrix}$　　(2) $D=\begin{vmatrix}2 & 2 & -5\\0 & 5 & 7\\4 & 4 & -13\end{vmatrix}$

(3) $\begin{vmatrix}7 & -1 & -1 & 7\\7 & 6 & 5 & 1\\-1 & 2 & 2 & -3\\3 & -4 & -4 & 7\end{vmatrix}$

4. 用克莱姆法则解方程组$\begin{cases}3x-2y=1\\5x+7y=2\end{cases}$。

5. 设$A=\begin{pmatrix}1 & 2 & 3\\0 & 6 & 1\\0 & 0 & -1\end{pmatrix}$，$B=\begin{pmatrix}2 & 0 & 0\\1 & -1 & 0\\-1 & 2 & 3\end{pmatrix}$

且$X-A=AB$，求X。

6. 设 $A=\begin{pmatrix}1 & -1 & 2\\ -1 & 3 & 0\end{pmatrix}$，$B=\begin{pmatrix}3 & 2\\ 4 & 0\\ -1 & 4\end{pmatrix}$，

且 $5A-(B^T-X)=3(A+X)$，求 X。

7. 已知 $A=\begin{pmatrix}3 & -1 & 2\\ 3 & 2 & 3\\ 2 & -1 & 1\end{pmatrix}$，求 A^{-1}。

8. 设 $A=\begin{pmatrix}2 & 7 & 9 & -3\\ 4 & 5 & 6 & 0\\ -2 & 2 & 3 & -3\end{pmatrix}$，求 $R(A)$。

9. 已知 $A=\begin{pmatrix}1 & 1\\ 0 & 1\end{pmatrix}$，$B=\begin{pmatrix}3 & 2\\ 1 & 1\end{pmatrix}$，$C=\begin{pmatrix}1 & 1\\ 1 & 1\end{pmatrix}$

且 $AXB=C$，求 X。

10. 试问 a 为何值时，方程组 $\begin{cases}x_1+2x_2+x_3-x_4=0\\ 3x_1+6x_2+2x_3+2x_4=0\\ 2x_1+4x_2+x_3+3x_4=0\\ 4x_1+8x_2+3x_3+ax_4=0\end{cases}$ 有非零解？

11. 解线性方程组 $\begin{cases}2x_1+x_2+2x_3+x_4=6\\ 5x_1+3x_2+2x_3+3x_4=14\\ 3x_1+3x_2-6x_3+x_4=-6\end{cases}$。

12. 解线性方程组 $\begin{cases}x_1+x_2-x_3+x_4=0\\ 2x_1+x_2-4x_3+5x_4=0\\ 3x_1+5x_2+x_3-3x_4=0\end{cases}$。

(二) B 卷

1. 单项选择题。

(1) 下列各式中，不正确的是(　　)。

a. $\begin{vmatrix}x & y & z\\ u & v & w\\ a & b & c\end{vmatrix}\overset{c_1+c_2}{=\!=\!=}\begin{vmatrix}x & x+y & z\\ u & u+v & w\\ a & a+b & c\end{vmatrix}$

b. $\begin{vmatrix} x & y & z \\ u & v & w \\ a & b & c \end{vmatrix} = -\begin{vmatrix} x & u & a \\ y & v & b \\ z & w & c \end{vmatrix}$

c. $\begin{vmatrix} x & 2y & z \\ u & 2v & w \\ a & 2b & c \end{vmatrix} = 2\begin{vmatrix} x & y & z \\ u & v & w \\ a & b & c \end{vmatrix}$

d. $\begin{vmatrix} x & 2x & y \\ u & 2u & v \\ a & 2a & b \end{vmatrix} = 0$

(2) 设 A, B, C 分别是 2×3,2×3,3×4 矩阵,下列各式中不能进行运算的是(　　)。

a. $A+B$　　　　b. AB^T

c. $(A+B)C$　　　　d. BA

(3) 下列矩阵中,(　　)是行最简阶梯形矩阵。

a. $\begin{pmatrix} 2 & 0 & 3 & 4 \\ 0 & 1 & 3 & -5 \\ 0 & 0 & 0 & 0 \end{pmatrix}$　　　　b. $\begin{pmatrix} 1 & 3 & 4 & -5 \\ 0 & 0 & 1 & 7 \\ 0 & 0 & 0 & 0 \end{pmatrix}$

c. $\begin{pmatrix} 1 & 2 & 0 & 1 & 0 \\ 0 & 0 & 1 & -3 & 0 \\ 0 & 0 & 0 & 0 & 1 \\ 0 & 0 & 0 & 0 & 0 \end{pmatrix}$　　　　d. $\begin{pmatrix} 1 & -2 & 4 & 0 & 0 \\ 0 & 0 & 0 & 1 & 0 \\ 0 & 0 & 0 & 0 & 0 \\ 0 & 0 & 0 & 0 & 1 \end{pmatrix}$

(4) 设 $A=(a_{ij})_{m\times n}$, $X=(x_1, x_2, \cdots, x_n)^T$, $R(A)=r$,则 $r=n$ 是线性方程组 $AX=0$ 只有零解的(　　)。

a. 必要条件　　　　b. 充分条件

c. 充要条件　　　　d. 无关条件

2. 填空题。

(1) 线性方程组 $\begin{cases} ax+by=0 \\ cx+dy=0 \end{cases}$ 只有零解,则 $\begin{vmatrix} a & b \\ c & d \end{vmatrix}=$________。

(2) 设 $A=\begin{pmatrix} 1 & 2 \\ -3 & 4 \end{pmatrix}$,则 $A^2=$________。

(3) 设 $A=\begin{pmatrix} x & y & z \\ u & v & w \\ a & b & c \end{pmatrix}$，$|A|=2$，则 $|3A|=$________。

(4) 设 $A=\begin{pmatrix} 2 & 3 & -1 & 6 \\ 0 & 0 & \lambda-1 & \lambda^2-1 \\ 0 & 0 & 0 & \lambda+2 \end{pmatrix}$，且 $R(A)=2$，则 $\lambda=$________。

3. 计算行列式。

(1) $D=\begin{vmatrix} 30 & 35 \\ 40 & 45 \end{vmatrix}$

(2) $D=\begin{vmatrix} 1 & 9 & -11 \\ 0 & -7 & 5 \\ 2 & 18 & -19 \end{vmatrix}$

(3) $D=\begin{vmatrix} 1 & -1 & 1 & -3 \\ 2 & 2 & 5 & 2 \\ 0 & 1 & 1 & -5 \\ 1 & 4 & 5 & 0 \end{vmatrix}$

4. 用克莱姆法则解线性方程组 $\begin{cases} 4x-7y=0 \\ 5x-\ y=1 \end{cases}$。

5. 设 $A=\begin{pmatrix} 9 & 1 & 8 \\ 3 & 7 & 1 \end{pmatrix}$，$B=\begin{pmatrix} 0 & 6 & 4 \\ 5 & 1 & 6 \end{pmatrix}$，$C=\begin{pmatrix} 1 & 1 \\ 0 & 1 \end{pmatrix}$

求 AB^T+C。

6. 设 $A=\begin{pmatrix} 1 & -1 & 1 \\ 0 & 1 & 2 \end{pmatrix}$，$B=\begin{pmatrix} 1 & 3 \\ 0 & 1 \\ -2 & 4 \end{pmatrix}$，$2(A+X)=A+2B^T$，求 X。

7. $A=\begin{pmatrix} 1 & -1 & 0 \\ 5 & 3 & 5 \\ 1 & -2 & -1 \end{pmatrix}$，求 A^{-1}。

8. 设 $A=\begin{pmatrix} 1 & -2 & 3 & -4 \\ 1 & 4 & -4 & 1 \\ 2 & 2 & -1 & -3 \end{pmatrix}$，求 $R(A)$。

9. 设 $A=\begin{pmatrix} 4 & 3 \\ 3 & 2 \end{pmatrix}$，$B=\begin{pmatrix} 1 & -1 \\ -1 & 1 \end{pmatrix}$

且 $XA=B$，求 X。

10. a 为何值时，方程组 $\begin{cases} x_1+2x_2+x_3+4x_4=3 \\ 2x_1+4x_2+3x_3+5x_4=8 \\ 3x_1+6x_2+5x_3+6x_4=13 \\ 3x_1+6x_2+4x_3+9x_4=a \end{cases}$ 无解？

11. 解线性方程组 $\begin{cases} 2x_1+4x_2+x_3+9x_4=0 \\ 3x_1+6x_2-2x_3-11x_4=0 \\ 3x_1+6x_2+x_3+10x_4=0 \end{cases}$。

12. 解线性方程组 $\begin{cases} x_1+4x_2+x_3-4x_4=10 \\ 2x_1+8x_2+x_3-x_4=14 \\ 3x_1+12x_2+2x_3-5x_4=24 \end{cases}$。

二、线性代数模拟试题解答

(一) A 卷解答

1. 单项选择题。

(1)	(2)	(3)	(4)
d	d	b	c

(1) a，b，c 均正确。对于 d：

$$\begin{vmatrix} a & b & c \\ u & v & w \\ x & y & z \end{vmatrix} \xlongequal{c_2 \leftrightarrow c_3} -\begin{vmatrix} a & c & b \\ u & w & v \\ x & z & y \end{vmatrix}$$，所以选 d。

(2) a，b，c 均不能进行运算。对于 d：A^T,B 分别为 3×2,2×4 矩阵，可以相乘，所以选 d。

(3)，(4)（略）

2. 填空题。

(1) 由克莱姆法则，$x=0, y=0$

(2) $\begin{cases} 2x_1+3x_2-x_3+7x_4=0 \\ 6x_1+7x_2-4x_3+3x_4=1 \\ -x_1+2x_2+5x_3+2x_4=7 \end{cases}$

(3) $A^2=\begin{pmatrix}1&1\\0&1\end{pmatrix}\begin{pmatrix}1&1\\0&1\end{pmatrix}=\begin{pmatrix}1&2\\0&1\end{pmatrix}$

$A^3=A^2A=\begin{pmatrix}1&2\\0&1\end{pmatrix}\begin{pmatrix}1&1\\0&1\end{pmatrix}=\begin{pmatrix}1&3\\0&1\end{pmatrix}$

所以 $A^6=\begin{pmatrix}1&6\\0&1\end{pmatrix}$

(4) $\lambda=-1$ 或 1 或 -2

3. (1) $D=-10\,000\begin{vmatrix}11&12\\13&14\end{vmatrix}\xlongequal{(-1)c_1+c_2}-10\,000\begin{vmatrix}11&1\\13&1\end{vmatrix}=20\,000$

(2) $D\xlongequal{(-1)c_1+c_2}\begin{vmatrix}2&0&-5\\0&5&7\\4&0&-13\end{vmatrix}=5A_{22}=-30$

(3) $\begin{vmatrix}7&-1&-1&7\\7&6&5&1\\-1&2&2&-3\\3&-4&-4&7\end{vmatrix}\xlongequal{(-1)c_2+c_3}\begin{vmatrix}7&-1&0&7\\7&6&-1&1\\-1&2&0&-3\\3&-4&0&7\end{vmatrix}=-A_{23}=$

$\begin{vmatrix}7&-1&7\\-1&2&-3\\3&-4&7\end{vmatrix}\xlongequal{(-1)r_3+r_1}\begin{vmatrix}4&3&0\\-1&2&-3\\3&-4&7\end{vmatrix}$

$\xlongequal[(-1)c_3+c_1]{(-1)c_2+c_1}\begin{vmatrix}1&3&0\\0&2&-3\\0&-4&7\end{vmatrix}\xlongequal{2r_2+r_3}\begin{vmatrix}1&3&0\\0&2&-3\\0&0&1\end{vmatrix}=2$

4. $D=\begin{vmatrix}3&-2\\5&7\end{vmatrix}=31$, $D_1=\begin{vmatrix}1&-2\\2&7\end{vmatrix}=11$, $D_2=\begin{vmatrix}3&1\\5&2\end{vmatrix}=1$

由克莱姆法则,方程组有唯一解:

$$x=\frac{D_1}{D}=\frac{11}{31},\ y=\frac{D_2}{D}=\frac{1}{31}$$

5. $X=A+AB=\begin{pmatrix}1&2&3\\0&6&1\\0&0&-1\end{pmatrix}+\begin{pmatrix}1&4&9\\5&-4&3\\1&-2&-3\end{pmatrix}=\begin{pmatrix}2&6&12\\5&2&4\\1&-2&-4\end{pmatrix}$

6. $X=\frac{1}{2}(2A-B^T)=A-\frac{1}{2}B^T=\begin{pmatrix}1&-1&2\\-1&3&0\end{pmatrix}-\frac{1}{2}\begin{pmatrix}3&4&-1\\2&0&4\end{pmatrix}=$

$$\begin{pmatrix} 1 & -1 & 2 \\ -1 & 3 & 0 \end{pmatrix} - \begin{pmatrix} \frac{3}{2} & 2 & -\frac{1}{2} \\ 1 & 0 & 2 \end{pmatrix} = \begin{pmatrix} -\frac{1}{2} & -3 & \frac{5}{2} \\ -2 & 3 & -2 \end{pmatrix}$$

7. $|A| = -2$

$A_{11} = 5 \qquad A_{21} = -1 \qquad A_{31} = -7$

$A_{12} = 3 \qquad A_{22} = -1 \qquad A_{32} = -3$

$A_{13} = -7 \qquad A_{23} = 1 \qquad A_{33} = 9$

$$A^* = \begin{pmatrix} 5 & -1 & -7 \\ 3 & -1 & -3 \\ -7 & 1 & 9 \end{pmatrix}$$

所以 $A^{-1} = \frac{1}{|A|}A^* = \begin{pmatrix} -\frac{5}{2} & \frac{1}{2} & \frac{7}{2} \\ -\frac{3}{2} & \frac{1}{2} & \frac{3}{2} \\ \frac{7}{2} & -\frac{1}{2} & -\frac{9}{2} \end{pmatrix}$

8. $A = \begin{pmatrix} 2 & 7 & 9 & -3 \\ 4 & 5 & 6 & 0 \\ -2 & 2 & 3 & -3 \end{pmatrix} \xrightarrow[r_1 + r_3]{(-2)r_1 + r_2} \begin{pmatrix} 2 & 7 & 9 & -3 \\ 0 & -9 & -12 & 6 \\ 0 & 9 & 12 & -6 \end{pmatrix}$

$\xrightarrow{r_2 + r_3} \begin{pmatrix} 2 & 7 & 9 & -3 \\ 0 & -9 & -12 & 6 \\ 0 & 0 & 0 & 0 \end{pmatrix}$

所以 $R(A) = 2$

9. $|A| = 1$, $A^* = \begin{pmatrix} 1 & -1 \\ 0 & 1 \end{pmatrix}$

$A^{-1} = \frac{1}{|A|}A^* = \begin{pmatrix} 1 & -1 \\ 0 & 1 \end{pmatrix}$

$|B| = 1$, $B^* = \begin{pmatrix} 1 & -2 \\ -1 & 3 \end{pmatrix}$

$B^{-1} = \frac{1}{|B|}B^* = \begin{pmatrix} 1 & -2 \\ -1 & 3 \end{pmatrix}$

所以 $X=A^{-1}CB^{-1}=\begin{pmatrix}1 & -1\\0 & 1\end{pmatrix}\begin{pmatrix}1 & 1\\1 & 1\end{pmatrix}\begin{pmatrix}1 & -2\\-1 & 3\end{pmatrix}=\begin{pmatrix}0 & 0\\0 & 1\end{pmatrix}$

10. 对系数矩阵 A 施行初等行变换

$$A=\begin{pmatrix}1 & 2 & 1 & -1\\3 & 6 & 2 & 2\\2 & 4 & 1 & 3\\4 & 8 & 3 & a\end{pmatrix}\xrightarrow[\substack{(-2)r_1+r_3\\(-4)r_1+r_4}]{(-3)r_1+r_2}\begin{pmatrix}1 & 2 & 1 & -1\\0 & 0 & -1 & 5\\0 & 0 & -1 & 5\\0 & 0 & -1 & a+4\end{pmatrix}$$

$$\xrightarrow[(-1)r_2+r_4]{(-1)r_2+r_3}\begin{pmatrix}1 & 2 & 1 & -1\\0 & 0 & -1 & 5\\0 & 0 & 0 & 0\\0 & 0 & 0 & a-1\end{pmatrix}\xrightarrow{r_3\leftrightarrow r_4}\begin{pmatrix}1 & 2 & 1 & -1\\0 & 0 & -1 & 5\\0 & 0 & 0 & a-1\\0 & 0 & 0 & 0\end{pmatrix}$$

$R(A)=2$ 或 3,必有 $R(A)<4$,

所以 a 取任何值时方程组有非零解。

11. 对增广矩阵 $\widetilde{A}$ 施行初等行变换

$$\widetilde{A}=\left(\begin{array}{cccc:c}2 & 1 & 2 & 1 & 6\\5 & 3 & 2 & 3 & 14\\3 & 3 & -6 & 1 & -6\end{array}\right)\xrightarrow{(-3)r_1+r_2}\left(\begin{array}{cccc:c}2 & 1 & 2 & 1 & 6\\-1 & 0 & -4 & 0 & -4\\3 & 3 & -6 & 1 & -6\end{array}\right)$$

$$\xrightarrow{r_1\leftrightarrow r_2}\left(\begin{array}{cccc:c}-1 & 0 & -4 & 0 & -4\\2 & 1 & 2 & 1 & 6\\3 & 3 & -6 & 1 & -6\end{array}\right)\xrightarrow[3r_1+r_3]{2r_1+r_2}\left(\begin{array}{cccc:c}-1 & 0 & -4 & 0 & -4\\0 & 1 & -6 & 1 & -2\\0 & 3 & -18 & 1 & -18\end{array}\right)$$

$$\xrightarrow{(-3)r_2+r_3}\left(\begin{array}{cccc:c}-1 & 0 & -4 & 0 & -4\\0 & 1 & -6 & 1 & -2\\0 & 0 & 0 & -2 & -12\end{array}\right)\xrightarrow[\left(-\frac{1}{2}\right)r_3]{(-1)r_1}\left(\begin{array}{cccc:c}1 & 0 & 4 & 0 & 4\\0 & 1 & -6 & 1 & -2\\0 & 0 & 0 & 1 & 6\end{array}\right)$$

$$\begin{array}{cccc}x_1 & x_2 & c & x_3\end{array}$$

$$\xrightarrow{(-1)r_3+r_2}\left(\begin{array}{cccc:c}1 & 0 & 4 & 0 & 4\\0 & 1 & -6 & 0 & -8\\0 & 0 & 0 & 1 & 6\end{array}\right)$$

解为

$$\begin{cases} x_1 = -4c+4 \\ x_2 = 6c-8 \\ x_3 = c \\ x_4 = 6 \end{cases} \quad (c\text{ 取任意实数})$$

12. 对系数矩阵 A 施行初等行变换

$$A=\begin{pmatrix} 1 & 1 & -1 & 1 \\ 2 & 1 & -4 & 5 \\ 3 & 5 & 1 & -3 \end{pmatrix} \xrightarrow[(-3)r_1+r_3]{(-2)r_1+r_2} \begin{pmatrix} 1 & 1 & -1 & 1 \\ 0 & -1 & -2 & -3 \\ 0 & 2 & 4 & 6 \end{pmatrix}$$

$$\xrightarrow[2r_2+r_3]{r_2+r_1} \begin{pmatrix} 1 & 0 & -3 & 4 \\ 0 & -1 & -2 & 3 \\ 0 & 0 & 0 & 0 \end{pmatrix} \xrightarrow{(-1)r_2} \begin{array}{c} \begin{matrix} x_1 & x_2 & c_1 & c_2 \end{matrix} \\ \begin{pmatrix} 1 & 0 & -3 & 4 \\ 0 & 1 & 2 & -3 \\ 0 & 0 & 0 & 0 \end{pmatrix} \end{array}$$

解为

$$\begin{cases} x_1 = 3c_1-4c_2 \\ x_2 = -2c_1+3c_2 \\ x_3 = c_1 \\ x_4 = c_2 \end{cases} \quad (\text{其中}, c_1, c_2\text{ 取任意实数})$$

(二) B 卷解答

1. 单项选择题。

(1)	(2)	(3)	(4)
b	d	c	c

(1) a, c, d 都正确。

对于 b：$\begin{vmatrix} x & y & z \\ u & v & w \\ a & b & c \end{vmatrix} = \begin{vmatrix} x & u & a \\ y & v & b \\ b & w & c \end{vmatrix} (D=D^T)$

(2) a, b, c 都可进行运算。对于 d：BA 不能进行运算。

(3)（略）

(4)(略)

2. 填空题。

(1) $\begin{vmatrix} a & b \\ c & d \end{vmatrix} \neq 0$ 时,由克莱姆法则,方程组只有零解

(2) $\begin{pmatrix} 1 & 2 \\ -3 & 4 \end{pmatrix}\begin{pmatrix} 1 & 2 \\ -3 & 4 \end{pmatrix} = \begin{pmatrix} -5 & 10 \\ -15 & 10 \end{pmatrix}$

(3) $|3A| = 3^3 |A| = 54$

(4) $\lambda = 1$ 或 $\lambda = -2$

3. (1) $D = 50 \times \begin{vmatrix} 3 & 7 \\ 4 & 9 \end{vmatrix} = -50$

(2) $D \xlongequal{(-2)r_1 + r_3} \begin{vmatrix} 1 & 9 & -11 \\ 0 & -7 & 5 \\ 0 & 0 & 3 \end{vmatrix} = -21$

(3) $D \xlongequal[(-1)r_1 + r_4]{(-2)r_1 + r_2} \begin{vmatrix} 1 & -1 & 1 & -3 \\ 0 & 4 & 3 & 8 \\ 0 & 1 & 1 & -5 \\ 0 & 5 & 4 & 3 \end{vmatrix} = A_{11} =$

$$\begin{vmatrix} 4 & 3 & 8 \\ 1 & 1 & -5 \\ 5 & 4 & 3 \end{vmatrix} \xlongequal[5c_1 + c_3]{(-1)c_1 + c_2} \begin{vmatrix} 4 & -1 & 28 \\ 1 & 0 & 0 \\ 5 & -1 & 28 \end{vmatrix} = 0$$

4. $D = \begin{vmatrix} 4 & -7 \\ 5 & -1 \end{vmatrix} = 31$, $D_1 = \begin{vmatrix} 0 & -7 \\ 1 & -1 \end{vmatrix} = 7$, $D_2 = \begin{vmatrix} 4 & 0 \\ 5 & 1 \end{vmatrix} = 4$

所以 $x = \dfrac{D_1}{D} = \dfrac{7}{31}$, $y = \dfrac{D_2}{D} = \dfrac{4}{31}$

5. $AB^T + C = \begin{pmatrix} 9 & 1 & 8 \\ 3 & 7 & 1 \end{pmatrix}\begin{pmatrix} 0 & 5 \\ 6 & 1 \\ 4 & 6 \end{pmatrix} + \begin{pmatrix} 1 & 1 \\ 0 & 1 \end{pmatrix} = \begin{pmatrix} 38 & 94 \\ 46 & 28 \end{pmatrix} + \begin{pmatrix} 1 & 1 \\ 0 & 1 \end{pmatrix} = \begin{pmatrix} 39 & 95 \\ 46 & 29 \end{pmatrix}$

6. $X = \dfrac{1}{2}(2B^T - A) = B^T - \dfrac{1}{2}A =$

$$\begin{pmatrix} 1 & 0 & -2 \\ 3 & 1 & 4 \end{pmatrix} - \begin{pmatrix} \frac{1}{2} & -\frac{1}{2} & \frac{1}{2} \\ 0 & \frac{1}{2} & 1 \end{pmatrix} = \begin{pmatrix} \frac{1}{2} & \frac{1}{2} & -\frac{5}{2} \\ 3 & \frac{1}{2} & 3 \end{pmatrix}$$

7. $|A|=-3$

$A_{11}=7$　　$A_{21}=-1$　　$A_{31}=-5$

$A_{12}=10$　　$A_{22}=-1$　　$A_{32}=-5$

$A_{13}=-13$　　$A_{23}=1$　　$A_{33}=8$

$$A^*=\begin{pmatrix}7&-1&-5\\10&-1&-5\\-13&1&8\end{pmatrix}$$

所以 $A^{-1}=\dfrac{1}{|A|}A^*=\begin{pmatrix}-\dfrac{7}{3}&\dfrac{1}{3}&\dfrac{5}{3}\\-\dfrac{10}{3}&\dfrac{1}{3}&\dfrac{5}{3}\\\dfrac{13}{3}&-\dfrac{1}{3}&-\dfrac{8}{3}\end{pmatrix}$

8. 对矩阵 A 施行初等行变换

$$A\xrightarrow[(-2)r_1+r_3]{(-1)r_1+r_2}\begin{pmatrix}1&-2&3&-4\\0&6&-7&5\\0&6&-7&5\end{pmatrix}$$

$$\xrightarrow{(-1)r_2+r_3}\begin{pmatrix}1&-2&3&-4\\0&6&-7&5\\0&0&0&0\end{pmatrix}$$

所以 $R(A)=2$

9. $|A|=\begin{vmatrix}4&3\\3&2\end{vmatrix}=-1$，所以 A^{-1} 存在

$A_{11}=2$　　$A_{21}=-3$

$A_{12}=-3$　　$A_{22}=4$

$A^*=\begin{pmatrix}2&-3\\-3&4\end{pmatrix}$

所以 $A^{-1}=\dfrac{1}{|A|}A^*=\begin{pmatrix}-2&3\\3&-4\end{pmatrix}$

$X=BA^{-1}=\begin{pmatrix}1&-1\\-1&1\end{pmatrix}\begin{pmatrix}-2&3\\3&-4\end{pmatrix}=\begin{pmatrix}-5&7\\5&-7\end{pmatrix}$

10. 对增广矩阵 $\widetilde{A}$ 施行初等行变换

$$\widetilde{A}=\left(\begin{array}{cccc:c}1&2&1&4&3\\2&4&3&5&8\\3&6&5&6&13\\3&6&4&9&a\end{array}\right)\xrightarrow[(-1)r_3+r_4]{(-2)r_1+r_2}\left(\begin{array}{cccc:c}1&2&1&4&3\\0&0&1&-3&2\\3&6&5&6&13\\0&0&-1&3&a-13\end{array}\right)$$

$$\xrightarrow{(-3)r_1+r_3}\left(\begin{array}{cccc:c}1&2&1&4&3\\0&0&1&-3&2\\0&0&2&-6&4\\0&0&-1&3&a-13\end{array}\right)\xrightarrow[r_2+r_4]{(-2)r_2+r_3}\begin{pmatrix}1&2&1&4&3\\0&0&1&-3&2\\0&0&0&0&0\\0&0&0&0&a-11\end{pmatrix}$$

$$\xrightarrow{r_3\leftrightarrow r_4}\begin{pmatrix}1&2&1&4&3\\0&0&1&-3&2\\0&0&0&0&a-11\\0&0&0&0&0\end{pmatrix}$$

所以 $a\neq 11$ 时 $R(A)=2,R(\widetilde{A})=3$，故方程组无解。

11. 对系数矩阵 A 施行初等行变换

$$A=\begin{pmatrix}2&4&1&9\\3&6&-2&-11\\3&6&1&10\end{pmatrix}\xrightarrow[(-1)r_2+r_3]{(-1)r_2+r_1}\begin{pmatrix}-1&-2&3&20\\3&6&-2&-11\\0&0&3&21\end{pmatrix}$$

$$\xrightarrow[\frac{1}{3}r_3]{3r_1+r_2}\begin{pmatrix}-1&-2&3&20\\0&0&7&49\\0&0&1&7\end{pmatrix}\xrightarrow[(-1)r_1]{r_2\leftrightarrow r_3}\begin{pmatrix}1&2&-3&-20\\0&0&1&7\\0&0&7&49\end{pmatrix}$$

$$\begin{matrix}x_1&c_1&x_3&c_2\end{matrix}$$

$$\xrightarrow[3r_2+r_1]{(-7)r_2+r_3}\begin{pmatrix}1&2&0&1\\0&0&1&7\\0&0&0&0\end{pmatrix}$$

解为

$$\begin{cases}x_1=-2c_1-c_2\\x_2=c_1\\x_3=-7c_2\\x_4=c_2\end{cases}\quad（其中 c_1，c_2 取任意实数）$$

12. 对增广矩阵 $\widetilde{A}$ 施行初等行变换

$$\widetilde{A}=\left(\begin{array}{cccc:c}1&4&1&-4&10\\2&8&1&-1&14\\3&12&2&-5&24\end{array}\right)\xrightarrow[(-3)r_1+r_3]{(-2)r_1+r_2}\begin{pmatrix}1&4&1&-4&10\\0&0&-1&7&-6\\0&0&-1&7&-6\end{pmatrix}$$

$$\xrightarrow[r_2+r_1]{(-1)r_2+r_3}\left(\begin{array}{cccc:c}1&4&0&3&4\\0&0&-1&7&-6\\0&0&0&0&0\end{array}\right)\xrightarrow{(-1)r_2}\begin{array}{c}\begin{array}{cccc}x_1&c_1&x_3&c_2\end{array}\\\left(\begin{array}{cccc:c}1&4&0&3&4\\0&0&1&-7&6\\0&0&0&0&0\end{array}\right)\end{array}$$

解为

$$\begin{cases}x_1=-4c_1-3c_2+4\\x_2=c_1\\x_3=7c_2+6\\x_4=c_2\end{cases}\quad(\text{其中},c_1,c_2\text{ 取任意实数})$$

三、概率论(第十三、十四章)模拟试题

(一) A　　卷

1. 单项选择题。

(1) 设 A、B 为两事件,则 $AB\cup A\overline{B}=$(　　)。

a. Φ　　b. Ω　　c. A　　d. $A\cup B$

(2) 设 A, B, C 表示 3 个事件,则 $\overline{A}\overline{B}\overline{C}$ 表示(　　)。

a. A, B, C 中有一个发生　　b. A, B, C 都不发生

c. A, B, C 中不多于一个发生　　d. A, B, C 中恰有 2 个发生

(3) 设 A, B 为两事件,如果满足(　　),则 A, B 是互为对立事件。

a. A, B 互不相容　　b. A, B 相互独立

c. $A\cup B=\Omega$　　d. $A\cup B=\Omega$, $AB=\phi$

(4) 随机变量 X 的分布律为

X	-2	-1	2	4
P	0.02	0.23	k	0.36

,则 $k=$(　　)。

a. 0.39　　b. 0.61　　c. 0.30　　d. 0.60

2. 填空题。

(1) 盒中放有编号为 1，2，2，3 的 4 个球，从中任取 1 球，观其编号后立即放回，再从中任取 1 球，多次抽样，其样本空间 $\Omega=$________；

(2) 已知 $P(A)=0.3$，则 $P(\overline{A})=$________。

(3) 随机变量 X 服从 $N(0,1)$分布，X 的密度函数 $\varphi(x)=$________。

(4) 如果 $\overline{A}$ 与 $\overline{B}$ ________，则 $P(\overline{A\cup B})=(1-P(A)(1-P(B))$。

3. 某城市有 50%住户订阅日报，有 65%住户订阅晚报，有 85%住户至少订这 2 种报纸中的 1 种，求同时订阅这 2 种报纸的住户的百分比。

4. 袋中有 5 个白球和 3 个黑球，从中每次无放回地任取 1 球，取 2 次，求取得的 2 个球颜色相同的概率。

5. 一批产品有 70%一级品，进行重复抽样检查，共取 5 件样品，求取出的 5 件样品中恰有 3 件是一级品的概率。

6. 有 5 件同类型产品，其中 3 件一等品、2 件二等品。从中任意取 3 件，设 X 为取得二等品的件数，求 X 的分布律。

7. 随机变量 X 的密度函数 $p(x)=\begin{cases}Ax^2, & 0\leqslant x\leqslant 1\\ 0, & 其他\end{cases}$

求常数 A。

8. 随机变量 X 的密度函数 $p(x)=\begin{cases}x, & 0\leqslant x\leqslant \frac{1}{2}\\ 3x^2, & \frac{1}{2}<x\leqslant 1,\\ 0, & 其他\end{cases}$

求 $P\left\{-1<x<\frac{1}{2}\right\}$。

9. 随机变量 $X\sim N(0,1)$，$\Phi(1)=0.8413$、$\Phi(1.5)=0.9332$，求 $P\{-1<X<1.5\}$。

10. X 的分布律为

X	-2	-1	0	1	2
P	0.1	0.2	0.4	0.2	0.1

，求 $E(X)$，$D(X)$。

(二) B　卷

1. 单项选择题。

(1) 设 A，B 为两事件，若满足(　　)，则 A 与 B 是互不相容(或互斥)的。

a. $AB=\phi$　　b. $\overline{A}\overline{B}=\phi$

c. $A\cup B=\Omega$　　d. $AB\neq\phi$

(2) 随机变量 X 的分布律为

X	-3	-2	-1	0	1	2
P	$\frac{1}{12}$	$\frac{1}{4}$	$\frac{1}{3}$	$\frac{1}{6}$	0	$\frac{1}{6}$

则 $P\{-4<x<0\}=$ (　　)。

a. $\frac{2}{3}$　　b. $\frac{1}{2}$

c. $\frac{1}{3}$　　d. $\frac{1}{6}$

(3) 随机变量 $X\sim N(0,1)$，其密度函数为(　　)。

a. $p(x)=\begin{cases}1, & 0\leqslant x\leqslant 1\\ 0, & \text{其他}\end{cases}$

b. $p(x)=\begin{cases}e^{-x}, & x\geqslant 0\\ 0, & x<0\end{cases}$

c. $p(x)=\frac{1}{\sqrt{2\pi}}e^{-\frac{x^2}{2}}$

d. $p(x)=\int_{-\infty}^{x}F(t)\mathrm{d}t$ ($F(x)$ 为 X 的分布函数)

(4) 已知 $E(X)=1$，$E(X^2)=1.7$，则 $D(2X)=$ (　　)。

a. 2.7　　b. 1.4

c. 0.7　　d. 2.8

2. 填空题。

(1) 具有如下 3 个特点的试验：① ________________；② ________________；③ ________________ 我们称为随机试验。

(2) 袋内装有 5 个白球和 3 个黑球，从中任取两球，设事件 A 为“取到的都是白球”，则 $P(A)=$ ________。

(3) 设随机变量 X 的分布律为

X	-1	0	1	2	3
P	$\frac{1}{5}$	$\frac{1}{20}$	$\frac{1}{5}$	$\frac{2}{5}$	$\frac{3}{20}$

，$Y=0.6X+1$ 则 $P\{Y=2.2\}=$ ________。

(4) 设 $X \sim N(0, 1)$，由标准正态分布表

x	0.00	0.01	0.02	0.03	0.04	0.05	0.06	0.07	0.08	0.09
1.2	.884 9	.886 9	.888 8	.890 7	.892 5	.894 4	.896 2	.898 0	.899 7	.901 5
1.3	.903 2	.904 9	.906 6	.908 2	.909 9	.911 5	.913 1	.914 7	.916 2	.917 7

得 $P\{X < 1.23\} =$ ________，$P\{X > 1.37\} =$ ________。

3. 有身长均不相同的 4 个男孩排队,求按身长高低次序排列的概率。

4. 设 40 件产品中有 4 件次品,今任取 3 件,求至少有 1 件次品的概率。

5. 甲、乙 2 人各自同时向一敌机炮击。已知甲击中敌机的概率为 0.6,乙击中敌机的概率为 0.5,并且击中与否是独立的。求敌机被击中的概率。

6. 由资料得知,某地区在 4 月份下雨的概率为$\frac{4}{15}$,刮风的概率为$\frac{7}{15}$,而刮风或下雨的概率为$\frac{19}{30}$,求刮风时下雨的概率。

7. 一批产品分一级、二级、三级,其中一级品是二级品的 2 倍,三级品是二级品的一半。从这批产品中随机地抽取 1 个检验质量,用随机变量 X 描述检验的可能结果,并写出随机变量 X 的分布律。

8. 设随机变量 X 的密度函数为

$$p(x) = \begin{cases} Ax, & 0 \leqslant x \leqslant 1 \\ 0, & \text{其他} \end{cases}$$

试求 A 的值。

9. 设随机变量 X 的密度函数为

$$p(x) = \begin{cases} x, & 0 \leqslant x < 1 \\ 2 - x, & 1 \leqslant x \leqslant 2 \\ 0, & \text{其他} \end{cases}$$

求 $P\{X \leqslant 2\}$，$P\{0.2 < X < 1.2\}$。

10. 设随机变量 X 的密度函数为

$$p(x) = \begin{cases} \frac{5}{2}x^4, & -1 \leqslant x \leqslant 1 \\ 0, & \text{其他} \end{cases}$$

求 $D(7X)$。

四、概率论模拟试题解答

(一) A 卷解答

1. 单项选择题。

(1)	(2)	(3)	(4)
c	b	d	a

(1) $AB \cup A\bar{B} = A(B \cup \bar{B}) = A\Omega = A$，所以选 c。

(2)（略）

(3)（略）

(4) 因为 $0.02 + 0.23 + k + 0.36 = 0.61 + k = 1$，所以 $k = 0.39$，选 a。

2. 填空题。

(1) $\{1, 2, 3\}$

(2) $P(\bar{A}) = 1 - P(A) = 1 - 0.3 = 0.7$，所以填 0.7

(3) $\frac{1}{\sqrt{2\pi}}e^{-\frac{x^2}{2}}$

(4) $P(\overline{A \cup B}) = P(\bar{A}\bar{B})$

$(1 - P(A))(1 - P(B)) = P(\bar{A})P(\bar{B})$

所以 $P(\bar{A}\bar{B}) = P(\bar{A})P(\bar{B})$，故 $\bar{A}$ 与 $\bar{B}$ 相互独立

3. 设事件 $A = \{$订阅日报$\}$，$B = \{$订阅晚报$\}$，则 $A \cup B = \{$至少订一种报$\}$

$AB = \{$订阅这两种报$\}$

$P(AB) = P(A) + P(B) - P(A \cup B) =$

$0.50 + 0.65 - 0.85 = 0.30$

4. 设事件 $A = \{$两个球颜色相同$\}$，则

$$P(A) = \frac{C_5^2 + C_3^2}{C_8^2} = \frac{13}{28}$$

另一种解法：

设事件 $A = \{$取到 2 只白球$\}$，$B = \{$取到 2 只黑球$\}$，$C = \{$取到 2 只同色球$\}$，则

$C=A\cup B$。$P(C)=P(A)+P(B)=\dfrac{C_5^2}{C_8^2}+\dfrac{C_3^2}{C_8^2}=\dfrac{13}{28}$。

5. 设事件 $A=\{$恰有 3 件是一级品$\}$

由于所取的产品是一级品或不是一级品，因此可以考虑为贝努里试验，则 $P(A)=P_5(3)=C_5^3\times 0.7^3\times(1-0.7)^2=0.3087$。

6. 二等品共有 2 件，任取 3 件中所含的二等品件数的可能性为 0，1，2，所以随机变量 X 可取 0，1，2。

$P\{X=0\}=\dfrac{C_3^3}{C_5^3}=0.1$，$P\{X=1\}=\dfrac{C_2^1C_3^2}{C_5^3}=0.6$，$P\{X=2\}=\dfrac{C_2^2C_3^1}{C_5^3}=0.3$，

故随机变量 X 的分布律为：

X	0	1	2
P	0.1	0.6	0.3

。

7. 由密度函数的性质

$$\int_{-\infty}^{+\infty}p(x)\mathrm{d}x=1$$

又

$$\int_{-\infty}^{+\infty}p(x)\mathrm{d}x=\int_0^1 Ax^2\mathrm{d}x=\frac{A}{3}$$

所以 $\dfrac{A}{3}=1$

得　$A=3$

8. $P\left\{-1<x<\dfrac{1}{2}\right\}=\int_{-1}^{\frac{1}{2}}p(x)\mathrm{d}x=\int_{-1}^{0}p(x)\mathrm{d}x+\int_0^{\frac{1}{2}}x\,\mathrm{d}x=$

$$0+\frac{1}{2}x^2\Big|_0^{\frac{1}{2}}=\frac{1}{8}$$

9. $P\{-1<x<1.5\}=\Phi(1.5)-\Phi(-1)=\Phi(1.5)-[1-\Phi(1)]=$

$$\Phi(1.5)+\Phi(1)-1=0.7745$$

10. $E(X)=(-2)\times 0.1+(-1)\times 0.2+0\times 0.4+1\times 0.2+2\times 0.1=0$

$E(X^2)=1.2$

$D(X)=E(X^2)-[E(X)]^2=1.2$

(二) B 卷解答

1. 单项选择题。

(1)	(2)	(3)	(4)
a	a	c	d

(1)（略）

(2) 事件 $\{-4<X<0\}=\{-4<X<-3\}\cup\{X=-3\}\cup\{-3<X<-2\}\cup\{X=-2\}\cup\{-2<X<-1\}\cup\{X=-1\}\cup\{-1<X<0\}$

$\{X=-3\}\cup\{X=-2\}\cup\{X=-1\}$

$$P\{-4<X<0\}=P\{X=-3\}+P\{X=-2\}+P\{X=-1\}=\frac{1}{12}+\frac{1}{4}+\frac{1}{3}=\frac{2}{3}$$

所以选 a。

(3)（略）

(4) $D(X)=E(X^2)-[E(X)]^2=1.7-1=0.7$

$D(2X)=2^2D(X)=2.8$

所以选 d。

2. 填空题。

(1)（略）

(2) $P(A)=\dfrac{C_5^2}{C_8^2}=\dfrac{5}{14}$

(3) $P\{Y=2.2\}=P\{0.6X+1=2.2\}=P\{X=2\}=\dfrac{2}{5}$

(4) $P\{X<1.23\}=\Phi(1.23)=0.890\,7$

$$P\{X>1.37\}=1-P\{X\leqslant 1.37\}=1-\Phi(1.37)=1-0.914\,7=0.085\,3$$

3. 设事件 $A=\{$按身长高低次序排列$\}$

$$P(A)=\frac{2}{4!}=\frac{1}{12}$$

4. 设事件 $A=\{$至少有一件次品$\}$,则 $\overline{A}=\{$没有次品$\}$,

$$P(A)=1-P(\overline{A})=1-\frac{C_{36}^{3}}{C_{40}^{3}}\approx 0.2773$$

5. 设事件 $A=\{$敌机被击中$\}$,$B_1=\{$甲击中敌机$\}$,$B_2=\{$乙击中敌机$\}$,则 $A=B_1\cup B_2$,且 B_1 与 B_2 独立,则

$$\begin{aligned}P(A)=P(B_1\cup B_2)=&P(B_1)+P(B_2)-P(B_1B_2)=\\&P(B_1)+P(B_2)-P(B_1)P(B_2)=\\&0.6+0.5-0.6\times 0.5=0.8\end{aligned}$$

6. 设事件 $A=\{$下雨$\}$,$B=\{$刮风$\}$,则 $A\cup B=\{$刮风或下雨$\}$

$$P\{A\mid B\}=\frac{P(AB)}{P(B)}=\frac{P(A)+P(B)-P(A\cup B)}{P(B)}=$$

$$\frac{\frac{4}{15}+\frac{7}{15}-\frac{19}{30}}{\frac{7}{15}}=\frac{3}{14}$$

7. 随机地抽取 1 件产品的可能结果是一级产品或二级产品或三级产品,所以,当抽取到一级品、二级品、三级品时,分别用 $X=1,2,3$ 来表示。

设二级品的数量为 Q,则一级品、三级品的数量分别为 $2Q$,$\frac{1}{2}Q$,故这批产品的总量为$\frac{7}{2}Q$。

随机变量 X 的分布律为:

$$P\{X=1\}=\frac{2Q}{\frac{7}{2}Q}=\frac{4}{7}$$

$$P\{X=2\}=\frac{2Q}{\frac{7}{2}Q}=\frac{2}{7}$$

$$P\{X=3\}=\frac{\frac{1}{2}Q}{\frac{7}{2}Q}=\frac{1}{7}$$

即

X	1	2	3
P	$\frac{4}{7}$	$\frac{2}{7}$	$\frac{1}{7}$

8. 密度函数具有性质

$$\int_{-\infty}^{+\infty} p(x)\mathrm{d}x = 1$$

又

$$\int_{-\infty}^{+\infty} p(x)\mathrm{d}x = \int_0^1 Ax\,\mathrm{d}x = \frac{1}{2}Ax^2\Big|_0^1 = \frac{1}{2}A$$

所以 $\frac{1}{2}A = 1$

得 $A = 2$

9. $P\{X \leqslant 2\} = \int_{-\infty}^{2} p(x)\mathrm{d}x = \int_0^1 p(x)\mathrm{d}x + \int_1^2 p(x)\mathrm{d}x =$

$$\int_0^1 x\,\mathrm{d}y + \int_1^2 (2-x)\mathrm{d}x = 1$$

$P\{0.2 < X < 1.2\} = \int_{0.2}^{1.2} p(x)\mathrm{d}x = \int_{0.2}^{1} p(x)\mathrm{d}x + \int_1^{1.2} p(x)\mathrm{d}x =$

$$\int_{0.2}^{1} x\,\mathrm{d}x + \int_1^{1.2} (2-x)\mathrm{d}x =$$

$$\frac{1}{2}x^2\Big|_{0.2}^{1} - \frac{1}{2}(2-x)^2\Big|_1^{1.2} = 0.66$$

10. $E(X) = \int_{-\infty}^{+\infty} xp(x)\mathrm{d}x = \int_{-1}^{1} \frac{5}{2}x^5\mathrm{d}x = 0$

$$E(X^2) = \int_{-\infty}^{+\infty} x^2 p(x)\mathrm{d}x = \int_{-1}^{1} \frac{5}{2}x^6\mathrm{d}x = 5\int_0^1 x^6\mathrm{d}x = \frac{5}{7}x^7\Big|_0^1 = \frac{5}{7}$$

所以$D(X) = E(X^2) - [E(X)]^2 = \frac{5}{7}$

$$D(7X) = 7^2 D(X) = 35$$

五、统计分析(第十五章)模拟试题

(一) A　　卷

1. 单项选择题。

(1) 设总体 X 服从参数为 λ 的指数分布，其中 λ 是未知参数，X_1、X_2、X_3是取自

总体 X 的样本，则（　　）不是统计量。

a. $X_1 + X_3$　　　　b. $X_1^2 + X_2^2 + X_3^2$

c. $X_3 - \frac{1}{\lambda}$　　　　d. $(X_1 + X_2)^2$

(2) 设总体 X 的分布函数为 $F(x, \theta)$，其中 θ 是未知参数，$X_1, X_2, \cdots, X_n$ 是取自总体 X 的样本，$x_1, x_2, \cdots, x_n$ 是样本观察值。如果存在统计量 $\hat{\theta}_1(X_1, X_2, \cdots, X_n)$，$\hat{\theta}_2(X_1, X_2, \cdots, X_n)$，使得 $(\hat{\theta}_1(X_1, X_2, \cdots, X_n), \hat{\theta}_2(X_1, X_2, \cdots, X_n))$ 是 θ 的置信度为 $1-\alpha$ 的置信区间，则必有（　　）。

a. 区间 $(\hat{\theta}_1(x_1, x_2, \cdots, x_n), \hat{\theta}_2(x_1, x_2, \cdots, x_n))$ 一定包含 θ

b. 区间 $(\hat{\theta}_1(x_1, x_2, \cdots, x_n), \hat{\theta}_2(x_1, x_2, \cdots, x_n))$ 一定不包含 θ

c. 区间 $(\hat{\theta}_1(x_1, x_2, \cdots, x_n), \hat{\theta}_2(x_1, x_2, \cdots, x_n))$ 包含参数 θ 的真值的概率为 $1-\alpha$

d. $P\{\hat{\theta}_1(X_1, X_2, \cdots, X_n)\} \geqslant \theta\} \geqslant \alpha$

2. 填空题。

(1) 若总体 X 与其样本 $X_1, X_2, \cdots, X_n$ 服从相同的分布，且 $X_1, X_2, \cdots, X_n$ 是相互独立的随机变量，这种样本称为________。

(2) 假设检验中，否定原假设 H_0 所依据的原理是________。

3. 已知总体 X 的密度函数为

$$p(x, \alpha) = \begin{cases} \frac{1}{\alpha} e^{-\frac{x}{\alpha}}, & \text{当 } x > 0 \text{ 时} \\ 0, & \text{当 } x \leqslant 0 \text{ 时} \end{cases}$$

其中，α 为未知参数 $(\alpha > 0)$，$E(X) = \alpha$。设 $X_1, X_2, \cdots, X_n$ 为取自总体 X 的样本。

(1) 求 α 的极大似然估计量。

(2) 问该估计量是否为无偏估计量？

4. 某超市对近几年的禽蛋的月销售，随机地抽取 12 个样品如下（单位：万千克）：

9.0　8.7　9.2　8.0　8.5　7.9　8.6　8.5　7.2　7.8　8.4　9.6

根据经验知道，禽蛋月销售量 $X \sim N(\mu, \sigma^2)$，试求 X 的方差 σ^2 的置信度为 95%的置信区间。

5. 一工厂生产某种产品，该产品的重量服从正态分布，其标准重量为 $\mu_0 = 100$

千克，某日开工后从这批产品中随机测得 9 件产品的重量如下(单位：千克)：

99.3　98.7　100.5　101.2　98.3　99.7　99.5　102.1　100.5

问能否判定该日生产正常($\alpha=0.05$)？

6. 为了研究小麦基本苗数(单位：万株/平方千米)与成熟期有效穗数(单位：万株/平方千米)之间的关系，某承包户在同样的肥料和管理水平下，对 5 块麦田进行试验，得数据如下：

基本苗数 x	1	1.72	2	2.44	2.96
有效穗数 Y	2.627	2.86	2.733	2.873	3.28

由经验知道，Y 对 x 有线性相关关系，试求 Y 对 x 的回归方程。

(二) B　卷

1. 单项选择题。

(1) 设 $F(x)$是总体 X 的分布函数，如果 $E(X)$存在，X_1，X_2，…，X_n 是取自总体 X 的样本，则必有(　　)。

a. $F(x)$是 X_i 的分布函数　　b. $F(x)$是$\dfrac{X_1+X_2}{2}$的分布函数

c. $\dfrac{1}{n}\sum\limits_{i=1}^{n}X_i$ 的分布函数为 $F(X)$　　d. $\dfrac{1}{n}\sum\limits_{i=1}^{n}X_i=E(X)$

(2) 设总体 $X\sim N(\mu,\sigma^2)$，x_1，x_2，…，x_n 是总体 X 的样本的一组观察值，检验“假设 H_0：$\mu=0.5$”等价于(　　)。

a. 判断总体 X 的均值一定等于 0.5

b. 判断总体 X 的均值 μ 与 0.5 差别不大

c. 判断样本均值 $\bar{x}=0.5$

d. 若区间 $\left(\bar{x}-\dfrac{\sigma}{\sqrt{n}}\mu_{\frac{\alpha}{2}},\ \bar{x}+\dfrac{\sigma}{\sqrt{n}}\mu_{\frac{\alpha}{2}}\right)$包含 0.5，则认为 $\mu=0.5$，否则就认为 $\mu\neq0.5$

2. 填空题。

(1) 设总体 $X\sim N(\mu,\sigma^2)$，$\mu\neq0$，X_1，X_2，X_3是取自总体 X 的样本，则常数 $C=$________时，统计量 $\hat{\mu}=X_1-2X_2+CX_3$ 是 μ 的无偏估计。

(2) 设 $X_1, X_2, \cdots, X_n$ 是取自总体 X 的样本，则样本均值 $\overline{X}=$ ________，样本方差 $S^2=$ ________。

3. 设总体 X 的密度函数为

$$p(x, a)=\begin{cases}(\alpha+1)x^{\alpha}, & \text{当 } 0<x<1 \text{ 时} \\ 0 & ，\text{其他}\end{cases}$$

其中，α 是未知参数（$\alpha>-1$），$X_1, X_2, \cdots, X_n$ 是来自总体 X 的样本，求参数 α 的矩估计量。

4. 用某仪器间接测量温度，重复测量 5 次，所得温度值为(单位：℃)

1 250　1 265　1 245　1 260　1 275

试问：在置信度为 0.95 的条件下，温度的真值在什么范围内？

5. 某维尼龙厂根据长期正常生产的累计资料知道，所生产的维尼龙纤度服从正态分布，它的均方差为 0.048，某日随机抽取 5 根纤维，测得纤度为

1.32　1.55　1.36　1.40　1.44

问该日所生产的维尼龙的纤度的均方差是否有显著变化($\alpha=0.1$)？

6. 淮河某支流的上游站 01 与下游站 011 在 1951～1953 年间洪峰流量的资料如下：

编号	年	月	日	时	01 洪峰流量 x(立方米/秒)	月	日	时	011 洪峰流量 y(立方米/秒)
1	1951	6	20	15	474	6	21	3	484
2	1951	7	21	7	1 607	7	21	4	1 815
3	1951	9	12	9	281	9	13	4	303
4	1952	4	12	5	469	4	12	17	545
5	1952	5	19	11	635	5	19	23	751
6	1952	7	24	18	416	7	25	10	420
7	1952	8	25	10	1 536	8	25	17	1 871
8	1952	9	19	5	818	9	29	13	1 017
9	1952	10	23	21	360	10	24	12	528
10	1953	5	22	4	310	5	22	21	382
11	1953	6	28	17	498	6	29	6	539
12	1953	7	23	3	43	7	23	23	353
13	1953	9	3	19	344	9	4	6	315

为了根据上游站 01 的洪峰量 x 来预报下游站 011 的洪峰流量 Y,试问：用相关系数检验法检验 Y 与 x 的线性相关关系是否显著?

六、统计分析模拟试题解答

(一) A 卷解答

1. 单项选择题。

(1)	(2)
c	c

2. 填空题。

(1) 简单随机样本

(2) 小概率事件在一次试验中几乎不会发生

3. (1) 设 $x_1, x_2, \cdots, x_n$ 为样本 $X_1, X_2, \cdots, X_n$ 的一组观测值($x_i > 0, i = 1, 2, \cdots, n$),似然函数为

$$L(\alpha) = \frac{1}{\alpha^n} e^{-\frac{1}{\alpha}\sum_{i=1}^{n} x_i}$$

$$\ln L(\alpha) = -n\ln\alpha - \frac{1}{\alpha}\sum_{i=1}^{n} x_i$$

从而
$$\frac{d\ln L(\alpha)}{d\alpha} = -\frac{n}{\alpha} + \frac{1}{\alpha^2} \cdot \sum_{i=1}^{n} x_i = 0$$

得
$$\hat{\alpha} = \frac{1}{n}\sum_{i=1}^{n} x_i = \bar{x}$$

于是 α 的极大似然估计量 $\hat{\alpha} = \overline{X}$。

(2) 又因为

$$E(\hat{\alpha}) = E(\overline{X}) = E\left(\frac{1}{n}\sum_{i=1}^{n} X_i\right) = \frac{1}{n}\sum_{i=1}^{n} E(X_i) = E(X) = \alpha$$

所以 $\hat{\alpha} = \overline{X}$ 是 α 的无偏估计量。

4. 由计算器计算得

$$\bar{x} = 8.3455 \qquad s^2 = 0.3327$$

查自由度为 $12-1=11$ 的 χ^2 分布表，$\alpha=0.05$，得临界值

$$\chi^2_{\frac{\alpha}{2}}(n-1) = \chi^2_{0.025}(11) = 21.920$$

$$\chi^2_{1-\frac{\alpha}{2}}(n-1) = \chi^2_{0.975}(11) = 3.816$$

$$\frac{(n-1)s^2}{\chi^2_{\frac{\alpha}{2}}(n-1)} = \frac{11s^2}{\chi^2_{0.025}(11)} = \frac{11\times 0.3327}{21.920} \approx 0.1670$$

$$\frac{(n-1)s^2}{\chi^2_{1-\frac{\alpha}{2}}(n-1)} = \frac{11s^2}{\chi^2_{0.975}(11)} = \frac{11\times 0.3327}{3.816} \approx 0.9590$$

因此，σ^2 的置信度为95%的置信区间为(0.1670，0.9590)。

5. (1) $H_0: \mu = \mu_0 = 100$

(2) $T = \dfrac{\bar{x}-\mu_0}{\dfrac{S}{\sqrt{n}}}$

(3) $\alpha = 0.05$，$n=9$，查自由度为 8 的 t 分布表，得临界值

$$t_{1-\frac{\alpha}{2}}(n-1) = t_{0.975}(8) = 2.306$$

(4) 由样本值，得

$$t = \frac{\bar{x}-100}{\dfrac{s}{\sqrt{9}}} = \frac{99.9778-100}{\dfrac{1.2122}{\sqrt{3}}} \approx -0.0317$$

$|t| = 0.0549 < t_{0.975}(8)$，接受原假设 H_0，即该日生产正常

6. $\bar{x} = 2.024$，$\bar{y} = 2.8746$

$L_{xx} = 2.1907$，$L_{yy} = 0.2459$，$L_{xy} = 0.6402$

$\hat{b} = \dfrac{L_{xy}}{L_{xx}} = 0.2922$，$\hat{a} = \bar{y} - \hat{b}\bar{x} = 2.2832$

所以回归方程为　$\hat{y} = 2.2832 + 0.2922x$

(二) B 卷 解 答

1. 单项选择题。

(1)	(2)
a	a

(1)（略）

(2)（略）

2. 填空题。

(1) $\mu=E(\hat{\mu})=E(X_1)-2E(X_2)+CE(X_3)=\mu-2\mu+C\mu$

所以 $C=2$

(2) $\frac{1}{n}\sum_{i=1}^{n}X_i$，$\frac{1}{n-1}\sum_{i=1}^{n}(X_i-\overline{X})^2$

3. 因为 $E(X)=\int_{-\infty}^{+\infty}xp(x,\alpha)\mathrm{d}x=\int_0^1(\alpha+1)x^{\alpha+1}\mathrm{d}x=\frac{\alpha+1}{\alpha+2}$

所以 $\alpha=\frac{2E(X)-1}{1-E(X)}$

用 $\overline{X}$ 去估计 $E(X)$，从而有

$$\hat{\alpha}=\frac{2\overline{X}-1}{1-X}$$

4. $\bar{x}=1\,259$，$s^2=142.5$

$$\frac{s}{\sqrt{n}}=5.339,\ t_{1-\frac{\alpha}{2}}(5-1)=2.776$$

$$\bar{x}+\frac{s}{\sqrt{n}}\cdot t_{1-\frac{\alpha}{2}}=1\,259+14.8=1\,273.8$$

$$\bar{x}-\frac{s}{\sqrt{n}}\cdot t_{1-\frac{\alpha}{2}}=1\,259-14.8=1\,244.2$$

所以温度均值的 95%置信区间为(1 244.2，1 273.8)。

5. (1) $H_0:\sigma^2=0.048^2$

(2) $\chi^2=\frac{(n-1)S^2}{\sigma_0^2}\sim\chi^2(n-1)$

(3) $\alpha=0.01$，$n=5$，查 $n-1=4$ 的 χ^2 分布，得临界值

$$\chi^2_{1-\frac{\alpha}{2}}(n-1)=\chi^2_{0.995}(4)=0.711,\ \chi^2_{\frac{\alpha}{2}}(n-1)=\chi^2_{0.005}(4)=9.488$$

(4) 统计量的值 $\chi^2 \approx \dfrac{4s^2}{\sigma_0^2} = \dfrac{4 \times 0.0078}{(0.048)^2} \approx 13.5417 > \chi^2_{\frac{\alpha}{2}}(4) = 9.4888$

所以拒绝 H_0,即可以认为该日的均方差与往常的均方差有显著差异。

6. $\bar{x} = 599.3077$, $\bar{y} = 717.15$

$$L_{xx} = 2\,635\,430.769,\ L_{yy} = 3\,445\,683.692,\ L_{xy} = 2\,957\,381.278$$

$$r = \frac{L_{xy}}{\sqrt{L_{xx}L_{yy}}} \approx 0.9814$$

又 $r_{0.05}(12) = 0.532$, $r_{0.01}(12) = 0.661$, 所以

$$r = 0.99 > r_{0.01}(12)$$

因此 Y 与 x 之间线性相关关系特别显著。